JN298672

北里大学農医連携学術叢書 第5号

地球温暖化
農と環境と健康に及ぼす影響評価とその対策・適応技術

陽 捷行 編著

養賢堂

目　　次

『地球温暖化：農と環境と健康に及ぼす影響評価と
その対策・適応技術』発刊にあたって ……………………………… iii
第1章　IPCC報告書の流れとわが国の温暖化現象 ………………… 1
第2章　地球温暖化の影響および適応策の課題 …………………… 19
第3章　農業生態系における温室効果ガス発生量の評価と
　　　　制御技術の開発 ……………………………………………… 43
第4章　気候変動による感染症を中心とした健康影響 …………… 67
第5章　気候変動の影響・適応と緩和策—統合報告書の知見— ……… 89
総合討論とアンケート ……………………………………………… 113
著者略歴 ……………………………………………………………… 121

『地球温暖化：農と環境と健康に及ぼす
影響評価とその対策・適応技術』
発刊にあたって

柴　忠義

北里大学学長

　新たに北里大学から農医連携という概念を発信してから，3年余の歳月が経過しました．この間，農医連携委員会を設立し，委員諸氏に「北里大学農医連携構想について」をまとめていただきました．

　情報としては，「北里大学学長室通信：農と環境と医療」を毎月発刊し，これがすでに46号に至りました．

　教育としては，医学部と獣医学部において「農医連携に関わる講義と演習」を開始しました．さらに2008年4月からは，一般教育部において「教養演習：農医連携論」を開講しました．

　研究に関しては，新たに「重金属摂取の現状把握とその低減化に向けた標準化手法の開発」を構築し，学部を超えたオール北里大学としての農医連携に関する研究を推進しようとしています．

　一方，社会への貢献と普及を目指した農医連携の一環として，北里大学農

医連携シンポジウムを開催しております．このシンポジウムが開催されて3年の歳月が経過しました．この間,「農・環境・医療の連携を求めて」に始まり,「代替医療と代替農業の連携を求めて」,「鳥インフルエンザ—農と環境と医療の視点から—」,「農と環境と健康に及ぼすカドミウムとヒ素の影響」と題して，環境を通した農業と医療の今日的な問題を取り上げてまいりました．さらに，これらの成果をまとめ『北里大学農医連携学術叢書』（第1号～4号）として発刊し，どなたでも購入できるシステムも構築しました．

「地球温暖化：農と環境と健康に及ぼす影響評価とその対策・適応技術」と題した第5回のシンポジウムの内容をまとめたものがこの叢書です．このテーマでシンポジウムを開催した趣旨の原点は，次のようなことにあります．

われわれはなぜ，人類や文明がいま直面している数々の驚異的な危機に思いが及ばないのでしょうか．地球温暖化がさまざまな生態系に極めて有害な現象を引き起こし，地球生命圏が，すでに温暖化制御の限度を超えてしまっているのに，ひとびとがそれを理解できずにいるのはなぜでしょうか．米国が京都議定書から離脱したり，先進国と途上国の間で政治的な綱引きが行われたり，有効な国際的温暖化対策が進んでいないのはなぜでしょうか．地球には，小は微生物から大はクジラにいたるヒトを含めたあらゆる生物が生息しているという概念，そしてこれらの生物がさらに大きな多様性を包み込む「生きている地球」の一部だという概念を，われわれは心の底からまだ理解していないのでしょうか．これらすべての危機的な現象が，食料を豊かに生産し，便利で文化的な生活を営むわれわれの活動に由来することに，なぜ気づかないのでしょうか．たとえ気づいていても，これを改善できないのはなぜでしょうか．

しかし幸せなことに，1970年代から地球温暖化問題に取り組んでいるアル・ゴア前米副大統領とIPCC（気候変動に関する政府間パネル）に，2007年のノーベル平和賞が授与されました．このことによって，地球の温暖化問題が世界のひとびとの掌中に届いたことになります．

危機的状況にある地球の温暖化が人間の生活に及ぼす負の影響は，極めて重大です．干ばつ，塩類化，土壌浸食などによる食料問題，熱射病，紫外線

増加,デング熱,マラリアなどによる医療問題は,いずれも人類の未来に暗い影を落としています.地球環境の変動は,いつの時代も食料を提供する農業と,人の健康と生命を守る医療に密接に関わっているのです.

このような視点から開催された第5回シンポジウムの講演者には,これまで様々な形で国内外を問わずIPCCに携わってこられた方々をお招きしました.本書により地球温暖化の最新の知見や,これまでのわが国の研究者によるIPCCへの協力の一端を理解いただければ幸いです.

第1章
IPCC報告書の流れとわが国の温暖化現象

陽　捷行
北里大学教授

はじめに

　1969年，ある概念が大きく変わった．この年われわれは，川面に映された自分の姿を見るように，初めて宇宙船アポロが撮影した青い地球の写真の中にわれわれ自身を見た．そのときから，われわれは自分自身を地球全体から切り離すことができないという自覚をもった．どうやら全体としての地球は，生き物かもしれないという意識がよみがえったのではなかろうか．

　一方，この年，1969年は，英国の科学者のジェームス・ラブロックが，地球は太陽系の中で最大の生き物（地球生命圏ガイア）であると思考した創造的な年でもあった．つまり，地球生命圏は自己調節機能をもった存在で，化学的物理的環境を調節することによって，われわれの住む惑星の健康を維持する力をそなえている，という仮説を発表した年でもあった．

　宇宙船アポロが地球を撮影し，われわれにそれを見せてくれた科学技術は，意識的かつ理性的に発展したものである．その結果，われわれは俯瞰(ふかん)的な視

点で地球全体を観ることに専念した．気候変動に関する政府間パネル（Intergovernmental Panel on Climate Change：IPCC）の立ち上げと，多くの科学者の気候変動に関わる研究への参加がその結果である．また，このIPCCにおける科学技術ならびに評価技術は，後にノーベル賞の受賞にまで進展した．

　ジェームス・ラブロックが提案した地球生命圏ガイア理論は，意識的で理性的ではあるが，一部には無意識的かつ直感的な背景が認められる．この理論は，現在の地球問題を考えるうえで，あらゆる分野の多くの技術者や科学者に多大な影響を与えた．その結果，物理学者，科学者，医学者，農学者，気象学者などあまたの学者が共同して知の統合を目指した．

　さらに，この理論は「グローバルブレイン（ピーター・ラッセル著：工作舎）」や「アースマインド（ポール・デヴェローィ著：教育社）」などの仮説に発展し，脳や精神の分野の研究にまで影響を与えている．これらの思考は学問や思想の分野を越えて駆けめぐり，いまでは科学と宗教の統合知の創出にまで至っている．

　このように，地球温暖化の問題にかかわる歴史的な背景には，意識的かつ理性的な場面と，無意識的かつ直感的な場面が共存している．そこで，理性に代表される「IPCC報告書の流れ」と，直感に代表される「地球生命圏GAIAの流れ」とを地球温暖化の視点から追い，「農業生態系と温暖化の関わり」を紹介し，「温暖化：花綵（かさい）列島のいま」を実例でページの許す限り紹介する．さらに，われわれが「すぐに，できること」をまとめ，今後わが国の「温暖化と文化」がどうなるかについても考えてみる．

1．IPCC報告書の流れ

　IPCC報告書の流れについて書く前に，まず「気候変動」と「地球温暖化」の言葉の解説，さらには国際的な取組の概略を認識しておく必要がある．

1）言葉の解説

気候変動

　気候変動という言葉は，地球の気候の変化について使われる言葉である．

最も一般的な感覚では，気温のほかに降水量や雲なども含むすべての要素の，すべての時間スケールでの気候変化について使われる．

気候が変動する原因には，自然の要素と人為的な原因がある．しかしながら近年の用法，特に環境問題の文脈では，現在の地球表面の平均的な温度上昇という地球温暖化についての研究に特定される．

気候変動についての研究や提言の国際的な努力は，国連のUNFCCC（気候変動枠組条約）で調整されている．UNFCCCでは「Climate Change」という用語を人為的な変動，非人為的な変化を「Climate Variability」と使い分けている．人為的な気候変動とは，人類の影響の可能性を示す言葉として用いられる．

IPCCでは，同じClimate Changeという用語が，人為的・非人為的な両方の変化をまとめて表記するのに用いられる．日本語訳では，「気候変動」を内包する言葉として気候変化と表記されることがある．

地球温暖化

地球温暖化とは，地球表面の大気や海洋の平均温度が長期的に見て上昇する現象である．生物圏内の生態系の変化や海水面上昇による海岸線の侵食といった，気温上昇に伴う二次的な諸問題まで含めて言われることもある．その場合「気候変動」や「気候変動問題」という用語を用いることが多い．

特に近年観測されている，また将来的に予想される20世紀後半からの温暖化について指すことが多い．単に「温暖化」と言うこともある．

現在，温暖化が将来の人類や環境へ与える悪影響を考慮して，様々な対策が立てられ，実行され始めていることは読者に周知されているところである．

2）国際的な取組

さらに，次のことを整理しておくことが必要であろう．それは，気候変動と国際的な取組には表1.1に示したように自然現象，科学，評価，政策，現状と未来など様々な形態があり，内容も多岐にわたることである．

IPCCなどの地球環境の評価が行われるためには，それなりの科学的根拠が必要である．そのために，これまでかずかずの国際的な地球環境共同研究計

画が行われてきた．国際的かつ代表的なものとして，例えば次のような計画がある．

◇地球圏-生物圏国際共同研究計画[1]
〔International Geosphere-Biosphere Programme：IGBP〕

　1986年に設立された国際科学会議（ICSU）が主催する学際的な国際研究計画である．気候変動に関する生物学的プロセスおよび化学的プロセスの相互作用に関する基礎的な知見を得ることに焦点を絞っている．

　目的は，地球全体のシステム，生命を育む環境，地球全体のシステムで生じている変化および人間活動による影響の現れ方を支配する物理学的，化学的および生物学的プロセスの相互作用を記述し，理解することにある．

　IGBPは，地球変動に関する科学の遂行のために国際的かつ学際的な枠組みを提供する．この枠組みは，世界各国の研究計画に広く利用されている．IGBPには政策的・政治的要素はなく，政策活動に対して可能な限り最良の科学的情報を提供することを目指すものである．

◇地球環境変化の人間的側面研究計画[2]
〔International Human Dimensions Programme on Global Environmental Change：IHDP〕

　1990年に国際社会科学協議会（ISCC）が発足させた組織である．発足した「地球環境変化の人間的側面研究計画：IHDP」は，人間・社会的側面からみた地球環境問題研究の科学的課題を選定するなど，世界的に，地球環境問題に対する社会科学的手法を研究しようとするものである．

　重要な研究プロジェクトのひとつに，土地利用・土地被覆変化研究がある．わが国ではアジア太平洋地域における土地利用とその誘導因子に関する経緯データの整備と，それに基づいた土地利用変化の長期予測を目的とした研究

表1.1　気候変化とさまざまな国際的な取組

自然現象	全球温度は100年で0.6℃上昇したなどの現象
科　　学	IGBP, WCRP, IHDP, 全球観測など多岐にわたる研究
評　　価	IPCCの1～4次報告書・特別報告書，地球生命圏ガイア・ガイアの復讐など
政　　策	地球サミット，京都議定書，美しい星50など
現状・未来	排出量制御，意志決定など

などが行われている．わが国におけるIHDPの窓口は，日本学術会議である．
◇世界気候研究計画[3]
〔World Climate Research Programme：WCRP〕

　世界気象機関（WMO）が全体の調整を行っている研究計画で，1980年に設立された．目的は，気候の予測可能性および人間活動の気候影響の程度を評価するために必要な基礎的気候システムおよび気候プロセスの科学的理解を展開させることにある．

　また，1992年のUNCED（国連環境開発会議）において策定されたアジェンダ21の実行を支援する役目も担っている．

　WCRPの調査プロジェクトには，全球エネルギー・水循環観測計画（GEWEX），気候変動性・予測可能性研究計画（CLIVAR），熱帯海洋・地球大気計画（TOGA），成層圏プロセスとその気候における役割研究計画（SPARC），気候と雪氷圏計画（CliC），海洋表層-低大気圏研究（SOLAS）がある．

　今ではわが国にも，環境省に地球環境研究計画があり，全球システム変動，越境汚染：大気・陸域・海域・国際河川，広域的な生態系保全，持続的な社会・政策研究などの研究が推進されている．

3）IPCCの誕生から第4次評価報告書[4]

　IPCCの誕生は，大洪水・干魃・暖冬といった世界的な異常気象を契機にWMO（世界気象機関）とUNEP（国連環境計画）が，気候と気候変動にかかわる研究を開始したことに始まる．その後，気候変動に関する国際的な課題が増大するにつれ，変動に関する効果的な政策を講じるための包括的な科学情報が必要になってきた．そのため，1987年のWMO総会ならびにUNEP理事会でIPCCの設立構想が提案され，1988年に承認・設立された．

　IPCCはもともと国際連合気候変動枠組条約（UNFCCC）とは関係なく設立されたが，第1次評価報告書が気候変動に関する知見を集大成・評価したものとして高く評価されたことから，基本的な参考文献として広く利用されるようになった．

　第1次評価報告書1990では，気候変化の科学的評価WG I（温室効果ガス

の増加と寄与率），気候変化の影響評価 WG Ⅱ，IPCC 対応戦略 WG Ⅲ，気候変化 IPCC 1990 & 1992 評価第 1 次評価大要と SPM (Summary for Policy Makers)，が出版されている．筆者は WG I の「第1章：温室効果ガスとエアロゾル」の作成に日本から参加したが，当時は政府間パネルといえども手弁当での参加であったことが思い出される．

特別報告書1994では，気候変動の放射強制と IPCC IS 92 排出シナリオの評価，気候変動の影響と適応策の評価のための技術ガイドライン，温室効果ガス目録のための IPCC ガイドライン，特別報告書1994 SPM とその他の要約，が出版されている．

第2次評価報告書：気候変化1995では，気候変化の科学 WG I，気候変化の影響・適応・緩和：科学的および技術的分析 WG Ⅱ（温室効果ガスの削減技術），気候変化の経済的・社会的側面 WG Ⅲ，UNFCC 第 2 条の解釈における科学的・技術的情報に関する統合報告書（3作業部会の SPM），が出版されている．

第3次評価報告書：気候変化2001では，科学的根拠 WG I，影響・適応・脆弱性 WG Ⅱ，緩和 WG Ⅲ，統合報告書，が出版されている．

第4次評価報告書：気候変化2007では，気候変動緩和の技術・政策および対策，第2次評価報告書で使われた単純気候モデルの紹介，大気中温室効果ガス：物理・生物・社会経済的影響，二酸化炭素排出制限案の影響，気候変動と生物多様性，が出版されている．

他にも IPCC 特別報告書，気候変動の地域影響：脆弱性の評価1997，航空機と地球大気1999，技術移転の手法上および技術上の課題2000，排出シナリオ：2000，土地利用・土地利用の変化および林業2000，第3次評価報告書における横断的事項に関するガイダンス・ペーパー，水に関するルールを変える気候：水と気候に関する対話統合報告書，などがある．

2．地球生命圏GAIA理論の流れ

地球生命圏GAIAという概念は，英国の科学者，ジェームス・ラブロックによって広く世間に流布された．

彼は化学者として大学を卒業し，生物物理学・衛生学・熱帯医学の各博士号を取得し，医学部の教授を経て，NASAの宇宙計画のコンサルタントとして，火星の生命探査計画にも参加した．また，ガスクロマトグラフィーの専門家で，彼の発明した電子捕獲検出器（FPD）は，環境分析に多大な貢献をしている．

また，「『沈黙の春』[5]の著者レイチェル・カーソンの問題提起のしかたは，科学者としてではなく唱道者としてのそれであった」と説き，生きている地球というガイアの概念を，天文学から動物学にいたる広範な科学の諸領域にわたって実証しようとする．

さらにラブロックは，これまでガイアに関する思想を，数多くの本を通して世に問うている．「地球生命圏—ガイアの科学」[6]，「ガイアの時代」[7]，「GAIA ガイア：生命惑星・地球」[8]，「ガイア：地球は生きている」[9]，「ガイアの思想：地球・人間・社会の未来を拓く」[10]などがそうである．

87歳になった2006年に出版した本は，「The REVENGE of GAIA」[11]である．文字通り「ガイアの復讐」[12]と訳して日本でも出版された．

遡って1979年にOxford University Pressから「Gaia: A new look at life on earth」[13]と題した本が出版されている．この本が「地球生命圏—ガイアの科学」としてわが国で出版されたのは，1984年である．翻訳・出版されるのに5年の歳月が経っている．

続いて，W. W. Nortonから1988年に「The ages of Gaia」[14]が出版された．この本は「ガイアの時代」と題してわが国で1989年に翻訳・出版された．われわれは，原著出版の翌年にはこの本を翻訳文として読むことができた．

原著「The REVENGE of GAIA」と訳書「ガイアの復讐」は，いずれも2006年である．われわれが翻訳文を手にしたのは，原著と同年ということになる．この3冊の本の原著と翻訳の時間的な流れをみるだけでも，ひとびとの地球生命圏ガイアへの関心の強さがうかがえる．さらに，地球が温暖化しつつある現実も，ひとびとの地球生命圏への関心を高めている．

「地球生命圏—ガイアの科学」が世に出て，「ガイアの復讐」をわれわれが手にするまで，27年の歳月が経過している．優に四分の一世紀の長きにわたる．

「地球生命圏—ガイアの科学」の内容を一言で表せば，地球の生物と大気と

海洋と土壌は，単一の有機体とみなせる複雑な系を構成しており，われわれの地球を生命にふさわしい場として保つ能力をそなえているという仮説の実証である．

「ガイアの時代」は，上に紹介した「地球生命圏—ガイアの科学」が執筆された後，その後の科学的知見を基に全面書き直しされたものである．その間，9年の歳月が経過している．

彼は「はじめに」で，自分はガイアの声を代弁したいだけであることを強調する．なぜなら，人間の声を代弁する人の数にくらべ，ガイアを代弁する者があまりにも少ないからである．また「ヒポクラテスの誓い」の章で本書の目的のひとつに，惑星医学という専門分野が必要で，その基礎としての地球生理学を確立する必要があると説く．

3．農業活動がガイアに及ぼす影響

「ガイアの時代」で特筆されるのは，IPCCの結論を既に早くから予言している次の一節である．「地球の健康は，自然生態系の大規模な改変によってもっとも大きく脅かされる．この種のダメージの源として一番重大なのは農業，林業そして程度はこの二つほどではないが漁業であり，二酸化炭素，メタン，その他いくつかの温室効果ガスの容赦ない増加を招く」[7]．

「われわれはけっして農業なしには生きていけないが，よい農業と悪い農業のあいだには大きなひらきがある．粗悪な農業は，おそらくガイアの健康にとって最大の脅威である」[7]．

「ガイアの復讐」では，ガイアは人間を排除しようとしていることを解説する．ガイアが人間を受け入れるためには，人間の数が多すぎるとも語る．その多すぎる人間を支える基本となっている電気の供給は，核融合や水素エネルギー技術が確立するまで，環境にもっとも負荷の少ない核分裂エネルギーに頼るしかないと記す．

また，彼は地球温暖化の臨界点を二酸化炭素濃度で500 ppmとしている．北極の氷の溶ける量が増加すれば，氷の中の二酸化炭素が放出されて温暖化に拍車がかかるという．ここでは，ひとびとがあまり語らない閾値（いきち）の問題が

見え隠れしている．大気中の二酸化炭素濃度や気温によって決まる閾値が存在することに気付かなければならない．ひとたびこの値を超えると，どんな対策をとろうとも，結末を変えることができない．地球はかつてないほどの高温状態になり，後戻りは不可能だ．

南太平洋のエリス諸島を領土とするツバル国は，いまや水没の危機にさらされている．気温の上昇に伴う海水の膨張により，日本の，海岸に面した平野は水没を逃れるために，防波堤を構築しなければならないだろうか？地球が新たな酷暑の状態に向けて急速に動き出したら，気候変動は間違いなく政界や経済界を混乱させるであろう．

4．農業生態系が温暖化に及ぼす影響

ここでいう農業生態系とは，われわれの行う農業活動を指すが，その「農業活動」とはむしろわれわれが「生きている」こと，即ちわれわれが生活する日々の衣と食と住とに関わるすべてを意味する．なぜなら農業は，生態系におけるエネルギーと物質の収支を最大限に利用する，人類必須の営みであるから．したがって，温暖化の問題のひとつとして，農業生態系からの温室効果ガスの発生がある．ここでは，温暖化と農業生態系との関わりを紙数の許す範囲で整理する．

IPCC 第4次評価報告書 WG III [15]によれば，全球における農業生態系からの温室効果ガス発生量は年間 5.1-6.1 Gt CO_2-eq/yr（二酸化炭素換算量）で，人為起源の13.5％を占めている．ほかの分野の割合は，産業（19.4％），林業（17.4％），エネルギー（25.9％），運輸（13.1％），生活（7.9％），廃棄物（2.8％）である．

このうち，最大の温室効果ガスは CO_2 であるが，発生と吸収は全体でほぼバランスされていると考えられている．一方，農業生態系が関与する温室効果ガス，メタン（CH_4）と一酸化二窒素（亜酸化窒素：N_2O）に関しては，どちらのガスも農業生態系が人為起源発生量の半分以上を占めている（CH_4 は 3.3 Gt CO_2-eq/yrで，人為起源の約50％以上を，N_2O は 2.8 Gt CO_2-eq/yrで，人為起源の約60％以上に相当する）．

5. 農業生態系からの温室効果ガス発生量の削減

農業生態系では，さまざまな発生源からCO_2，CH_4，N_2Oの三つの重要な温室効果ガスが発生している．とくに農業における耕地の施肥，水田，畜産業における廃棄物，ルーメン家畜などは，CH_4とN_2Oの主要な発生源である．

農耕地と畜産からの発生制御技術は，すでに数多く提案されている．農耕地における水管理（水田），有機物管理，畜産における飼養管理，糞尿処理技術など数多くの技術が提案され，それらの削減効果が実証されている．さらに，これらの技術はIPCCガイドブックにも紹介されている．

しかし，これらの技術は広く実用化の段階には達していない．理由のひとつに発生削減に伴う経済性の評価が不足していることが挙げられる．家族経営に依存している現状農業では，価格と労力を考慮に入れた，収益と労働性が改善される技術でなければ普及しない．そのためには経済性の評価を行い，農家が受け入れられる手法を提示し，加えてそのような技術を推進するための政策的な支援が必要である．

わが国の温室効果ガス排出インベントリーに占める農業分野の割合は2％にすぎない．一方，わが国と同様な水田耕作を基盤とする農業体系を持つ熱帯アジアでは，農業分野の占める割合がインドで28％，タイで35％など，極めて大きいことも注目すべきである．このことは，広大な農耕地を有し家畜頭数の多い国においては，上述した制御技術を適用することにより排出量を大量に削減できることを示唆している．

農業分野における温室効果ガスの排出削減策は，IPCCのAR4[16]にまとめられている．これらの技術は長期間の効果が期待できると同時に，われわれが求めている環境保全型農業の方向とも一致する．永続的に環境と調和する農業を思考する人類にとって，温暖化現象は千載一遇の好機と捉えるべきかも知れない．

なおこの項の内容については，八木一行氏が第3章で詳しく紹介する．

6．温暖化：花綵(かさい)列島のいま

　日本列島は，北から千島弧，本州弧，琉球弧が連なり，これらを合わせると花を編んでつくった首飾りのような弧を描く．総じて花綵列島と呼ばれる．

　地球の歴史の中で，アルプス造山運動がこの日本列島の土台を築いた．新第三期という時代になると，アジア大陸の東縁に激しい断層運動などの地殻変動が起こり，この列島の地形と地質を複雑なものにつくりあげた．そのうえ，洪積世には火山活動が盛んであった．

　沖積世に入って寒冷な気候が続くが，そのあと暖期と寒期を繰り返したのち，現在の気候に落ち着く．植物が茂りはじめるが，雨による土の侵食も激しくなる．山が侵食され，土は川に運ばれて河床を埋めていく．そして，沖積平野が形づくられる時代に入る．

　このような日本列島の成り立ちは，せまくて細長い国土に山ばかりをつくった．平野は十数パーセントしかない．芭蕉の句に「五月雨を　あつめてはやし　最上川」とあるように，川の数は多いものの，非常に短く急で，水を山から海へ一気に運ぶ．

　極めて特徴的なこの日本列島に，様々な温暖化の影響が現れている．内容は多岐にわたる．例えば，富士山などの永久凍土の後退，三陸沖のマイワシ不漁，九州の稲作生育被害，西日本の海面上昇，沖縄のサンゴ被害，栃木・群馬・北海道などのシカ冬越え，ブナやヒダカソウなど高山植物の消失，青森のリンゴの減収，東京などへのクマゼミ北上，熱帯夜・真夏日・猛暑日の増大，エチゼンクラゲの巨大化，尾瀬のミズバショウの巨大化，釧路湿原の消失，摩周湖の透明度の低下，静岡・千葉の砂丘喪失・海岸侵食，都市植物の暖冬異変，九十九里浜・美保の松原・湘南海岸などの砂丘消失，霞ヶ浦のアオコ大量発生，中部山岳地帯のライチョウ耐性菌汚染などである．この中で「猛暑日と熱中症」と「永久凍土の後退」について紹介する．

猛暑日と熱中症[17]

　気象庁は暑さをさらに分析的な表現にすべく，2007年の4月から「猛暑日」なる言葉を新しく使い始めた．2006年までは，最高気温が25℃以上の「夏

日」,最高気温が30℃以上の「真夏日」という分け方しかなかった.新しい「猛暑日」とは,最高気温が35℃以上の日のことである.ちなみに,寒さを表現する「冬日」は,最低気温が0℃未満になった日,「真冬日」は最高気温が0℃未満の日である.

「猛暑日」が設定されたのは,地球温暖化やヒートアイランド現象などによって,夏の都市部で最高気温が35℃以上になる日が多くなったためである.実際にいくつかの都市の2006年の気温を見てみると,「猛暑日」日数は,東京都心3日,名古屋市14日,大阪市17日,福岡市6日となっている.

2007年に初の「猛暑日」が出現したのは大分県豊後大野市で,5月27日午後1時10分に気温が36.1℃となった.その後,8月に入り各地で猛暑日が立て続けに生じた.

「猛暑日」が続く日本列島は,8月15日も太平洋高気圧に覆われ,各地で厳しい暑さになった.群馬県の館林では最高気温が40.2℃に達し,全国では2007年初の40℃以上の日を記録した.国内で40℃以上に達したのは,2004(平成16)年7月21日に甲府で40.4℃を観測して以来である.この日,北日本を中心に43地点で観測史上最高温度を記録した.

2007年8月の猛暑日数の合計は,仙台市で1日,熊谷市で19日,東京都心で7日,柏崎市で1日,多治見市で20日,大阪市で14日,京都市で15日,高松市で9日,福岡市で6日,沖縄市で0日であった.

全国の歴代最高気温は,1)山形,40.8℃,1933(昭和8)年7月25日,2)葛城,40.6℃,1994(平成6)年8月8日,2)天龍,40.6℃,1994(平成6)年8月4日である.

翌8月16日,日本列島は勢力を強めた太平洋高気圧に覆われ,さらに暑さが増した.酷暑である.岐阜県の多治見で午後2時20分,埼玉県の熊谷で2時42分にそれぞれ40.9℃を観測した.74年ぶりにわが国の最高気温の記録が塗り替えられた.これまでの記録は,上述したとおり山形の40.8℃であった.

この日,埼玉県の越谷で40.4℃,群馬県の館林で40.3℃,岐阜県の美濃40.0℃と,いずれも40℃を突破した.関東や東海を中心に25地点で観測史上1位の暑さになった.東京都の練馬と八王子はともに38.7℃で8月の最高気温記

録を更新した.

　日本列島は翌々8月17日も太平洋高気圧に覆われ,東海および中部地方は酷暑に見舞われた.岐阜県の多治見では,16日に記録した国内史上最高気温の40.9℃に迫る40.8℃を記録した.15日には群馬県の館林で40.2℃が記録されているので,国内で初めて40℃を超えた日が,3日連続したことになる.

　東京都心は37.5℃で2007年一番の暑さになり,最高気温が35℃以上の「猛暑日」が3日連続したことになる.最低気温25℃以上の熱帯夜が2日から16日間続いた東京では,17日未明の気温は30.5℃で,全国で一番暑い夜であった.また,8月に入ってからの都心の平均気温(16日現在)は29.9℃で,全国最高の沖縄県の石垣島の平均28.9℃を上まわった.

　気象庁によれば,南米ペルー沖で海面水温が低下する「ラニーニャ現象」の影響で太平洋高気圧の勢力が強まったことに加え,乾いた暖かい風が山を超えて吹き下ろす「フェーン現象」が起きたのが原因という.

　暑さの猛威は日本だけに限らない.記録破りの異常な高温が,世界の各地で計測されている.国連世界気象機関(**WMO**)によれば,2007年の1月と4月の世界の平均気温は,記録が残る1880年以降で最も高かった.

　2007年の5月中旬には,45～50℃の熱波がインドを襲った.6月と7月には欧州東南部が熱波に見舞われ,ブルガリアで史上最高の45℃を記録した.

　気象災害もいろいろな国で多発している.6月中旬には中国南部で豪雨が続き,1,350万人が被害を受けた.6月末にはアフリカのスーダンで季節はずれの大雨が降り,ナイル川が氾濫.1万6,000戸が被災した.6月6日,アラビア海で発生したサイクロンは,かつてない勢力でオマーン東部を襲い,50人以上の死者を出した.

　一方,南半球は寒い冬となり,チリやアルゼンチンで氷点下20℃前後を記録,南アフリカでは26年ぶりに本格的な降雪をもたらした.アメリカ海洋局の調査によれば,北半球の冬にあたる2006年12月から2007年2月までの地球全体の平均気温は,1880年からの観測史上最も高いことが明らかになった.

　2006年12月から2007年2月の世界の平均気温は,20世紀の平均気温より0.72℃高く,史上最高だった2003～04年の平均気温を0.07℃上まわった.2

月は史上6番目だが，1月が記録的な暖冬であったため平均気温が押し上げられた．地表の平均気温は観測史上1位であった．

海面全体の平均気温は，1997〜98年に続いて2位であった．北半球の高緯度地域ほど温度上昇が著しいという．温暖化によって，北極やグリーンランドの海氷が溶解したことが裏付けられた．

地球生命圏ガイアがあたかも発熱しているかのように，天空から，大地から，海原から地球の悲鳴が聞こえる．

国立環境研究所は2030年の予測をしている．同研究所は2007年7月2日，地球温暖化の影響により2030年の日本では，最低気温27℃以上の「暑い夜」が現在の3倍に増えるとの予測を発表した．地球温暖化の影響は，遠い将来のことではなく20〜30年という短い期間でも目に見えて現れることを指摘した．

世界有数のスーパーコンピュータ「地球シミュレータ」を使って試算した結果，日本では1981〜2000年にはひと夏に4〜5回だった「暑い夜」（東京：最低気温27℃以上）が，2011〜30年は約3倍に増える．10通りのシナリオのいずれも増加する結果を得た．自然の変動より温暖化の影響の方が大きい．夏の「暑い昼」（最高気温35℃以上）の頻度も約1.5倍になる．一方，冬の寒い夜（最低気温0℃以下）・昼（最高気温6℃以下）は3分の1程度に減った．世界のほとんどの地域で，同様の傾向が見られた．

地球温暖化については，2100年ごろまでを目途に各国で将来予測が行われてきた．しかし最近，米国のハリケーン「カトリーナ」など温暖化の影響と考えられる異常気象が頻発しており，今後20〜30年の近未来における温暖化の影響に関心が集まっている．

気象庁が2007年の4月から「猛暑日」なる言葉を新しく使い始めたことは，この項の冒頭に記した．「猛暑日」の他に，「熱中症」「藤田スケール」などの言葉も追加された．「藤田スケール」とは，竜巻などの強さを表す指標である．世界的に使われている数値で，F0からF5までの6段階に分けられている．

「熱中症」の発生は十数年前から顕著になっている．2007年8月16日の記録的な「猛暑日」の影響により，東京都や埼玉県など5都府県で合計11人が熱中症で死亡した．内訳は埼玉県4人，群馬，東京都各2人，秋田県，愛知

県，京都府各1人である．なお，前日の15日には3人が死亡している．

40℃を超える日が3日連続した翌8月17日，茨城，埼玉，千葉，東京，大阪，兵庫など10都府県でさらに17人が熱中症で死亡した．8月1日から17日までの死亡者は56人に達した．

わが国における1996〜2006（平成8〜18）年の熱中症による死亡者数の推移は，それぞれ9，15，10，20，18，24，22，17，17，23，17名である．詳しい情報は，厚生労働省のホームページを参照されたい．

永久凍土の後退[18]

永久凍土とは，高緯度地域や高山帯で，年間を通じて0℃以下の地温状態を少なくとも2年以上にわたって保っている土壌や岩盤のことをいう．カナダ，アメリカのアラスカ州およびシベリアなどに広く分布する．

日本では，1970年に富士山（標高3,776 m）で発見された．他では，富山県の立山と北海道の大雪山系白雲岳の周辺に分布している．

2002年10月に日本雪氷学会で発表された国立極地研究所，静岡大および筑波大の研究グループによる初の地中温度連続観測によれば，1976年の富士山南斜面（静岡県側）の地温調査では，永久凍土の下限は標高3,200 m付近と推定されていた．しかし2000年の調査では，3,500 m付近になり，凍土分布が約300 m縮小していた．

富士山頂の年平均気温は，この25年間に0.8℃上昇している．8月の平均気温にあまり変化はないが，1月は約3℃，2月に1℃も上昇している．永久凍土の分布域は，冬季の凍結と夏季の融解のバランスで決まるとされ，この分布域の縮小には冬の気温の上昇が関係しているとみられる．永久凍土は気温の変化を非常に受けやすいと推定されている．凍土が融解すると温室効果ガスのひとつであるメタンガスが放出されている．温暖化がさらに加速することになる．

なお，大雪山の永久凍土については，北海道大学大学院工学研究科北方圏環境政策工学専攻・寒冷地防災環境工学講座の岩花　剛氏らが研究を進めている．

参考までに．世界中の山岳氷河は，1980年代に10年間で約2 m薄くなり，

1990年代にはその2倍の4mに達した．地球の平均気温は過去100年間で0.6℃上がり，1990年代は過去1,000年間で最も熱い10年になった．

7．すぐに，できること

われわれはなぜ，人類や文明がいま直面している数々の驚異的な危機におもいが及ばないのだろうか．地球温暖化による加熱が，様々な生態系に極めて有害な現象を引き起こし，地球生命圏が，すでに温暖化を制御する限度を超えてしまっているのに，ひとびとがそれを理解できずにいるのはなぜだろうか．今すぐにできることは…炭素を可能な限り土壌に返す．全身全霊を傾けてエコ商品を買う．物理的欲望を下げる．資源エネルギーの消費量を減少させる．生産・流通・消費の全体にわたるクリーン化を実行する．CO_2の他にCH_4とN_2Oにも関心を寄せる．政治家，マスコミ，国家の構造やシステムを批判することはともかく，自分が地球を温暖化させているということを自覚すること．右肩下がりの経済を主張する．環境の大きな輪の中に小さな経済の輪があるという思考をする．大きな経済の輪の中に小さな環境という輪があるという思考は即座に捨てる．

8．温暖化と文化

温暖化は美しい日本の文化にも影響を与えないだろうか．美しい景観の喪失，居住地域の共同体の喪失，風習の変質，生物多様性の喪失，音楽・詩歌の変貌，科学の示す数字でない精神世界の危機，などはないだろうか．恐らくまちがいなく訪れるであろうブータンの悲劇を，われわれも味わうことになるのだろうか？

参考資料

1) 地球圏-生物圏国際共同研究計画： http://www-cger.nies.go.jp/cger-j/db/info/prg/igbp.htm
2) 地球環境変化の人間的側面研究計画： http://www.ihdp.org/
3) 世界気候研究計画： http://www.wmo.ch/web/wcrp/wcrp-home.html

4) IPCC : http://www.ipcc.ch/
5) カーソン，R.（青樹築一訳）：沈黙の春，新潮文庫（1974）
6) ラブロック，J. E.（スワミ・プレム・プラブッダ訳）：ガイアの科学　地球生命圏，工作舎（1984）
7) ラブロック，J. E.（スワミ・プレム・プラブッダ訳）：ガイアの時代，工作舎（1989）
8) ラブロック，J. E.（糸川英夫訳）：ガイア-生命惑星・地球-，NTT出版（1993）
9) ラブロック，J. E.（松井孝典訳）：ガイア　地球は生きている，産調出版（2003）
10) ラブロック，J. E.（田坂広志ら訳）：ガイアの思想-地球・人間・社会の未来を拓く，生産性出版（1998）
11) Lovelock, J. E. : The REVENGE of GAIA, Basic Book（2006）
12) ラブロック，J. E.（竹村健一ら訳）：ガイアの復讐，中央公論新書（2006）
13) Lovelock, J. E. : Gaia; A new look at life on Earth, Oxford University Press（1979）
14) Lovelock, J. E. : The ages of GAIA, Harold Ober Association Inc.（1988）
15) IPCC（2006）: IPCC Guidelines for National Greenhouse Gas Inventories. http://www.ipcc.ch/ipccreports/methodology-reports.htm
16) IPCC（2007）: IPCC Fourth Assessment Report（AR4）: Climate Change 2007, Cambridge University Press. http://www.ipcc.ch/
17) 北里大学学長室通信：情報，農と環境と健康 31, 1-6（2007）
18) 北里大学学長室通信：情報，農と環境と健康 17, 1-2（2006）

第2章
地球温暖化の影響および適応策の課題

林　陽生
筑波大学大学院生命環境科学研究科教授

1．新しい環境問題

　京都議定書の第1約束期間が，いよいよ2008年から実質的にスタートした．2012年までの5年間に，温室効果ガスの排出量を1990年と比較して6％削減する必要がある．生活の全般に関して，温暖化の防止を意識する必要のある時代になった．

　地球温暖化の問題は，自然科学的な現象解明および将来予測と社会規範に関わる制度や，施策の導入が密接に結びついた新しい形態の環境問題である．従来の問題解決型の問題と大きく異なるのは，科学技術が発展して将来を予測することが可能になったとはいえ，対策を実施する時点において予測結果を充分に検証することができていない，と考えられる点である．確実でないかもしれない将来予測に基づいて，日常生活の質までも改変することを求めるといった難しい課題を含んでいる．

　これまでの自然科学は，不確実な現象を社会に公表すること，まして諸策

の基盤とすることに臆病であった．地球温暖化が起こっている事実について明確な証明が与えられない限り，確実でない予測に依存することは，人心を惑わせ混乱を招くこととなるため，避けるべきだ，というのが自然科学者の良心なのだ．しかし，人間の寿命のスパンを遥かに越えた現象，しかも将来において人類が越えなければならない壁，に立ち向かうためには，これまでにない特別な観点が必要である．

こうした考えの重要性は，有病誤診と無病誤診の比喩によく表されている．例えば，病院で診察を受けたとしよう．正しい診断であればそれなりの処置を受けるとして，問題は誤診の可能性がある場合である．ここで，2種類の誤診があることに気づく必要がある．本当は病気なのに病気でないと診断される有病誤診，他方は病気でないのに病気と診断される無病誤診である．どちらの診断がベターだろうか．私が地球であれば，無病誤診を受けることに懸念を持つことは無いだろう．本当は致命的な病状であるのに，治療のチャンスを見逃すことこそ重大な過ちなのである．

2．地球温暖化とは

地球大気の組成と地球上の生態系は密接に関連しながら変化してきた．現在の大気中のガス組成をみると，多い順に約78％の窒素，21％の酸素，0.9％のアルゴン，0.038％の二酸化炭素，その他のガスの順番になる．このうち二酸化炭素は微量しか含まれていないが，一度生成すると比較的安定な状態で大気中に存在する点，また温室効果ガスである点で他のガスと違った特性がある．

ここで温室効果と地球の気温について考えてみる．二酸化炭素が一定量存在したからこそ，現在の地球の年平均気温である約15℃の状態が維持されている．もし二酸化炭素が存在しなかったら，という仮定で地球の熱収支を解くのは比較的簡単で，その結果によると－19℃が求まる．こうして求めた温度を放射平衡温度という．お気づきの通り，現在の地球の平均気温は放射平衡温度より約34℃高い．すなわち，二酸化炭素などの温室効果ガスが存在するからこそ，一定の高温状態が維持されてきた．この意味で，温室効果ガスは

現在の地球生態系を育むために不可欠であった．ところが，産業革命以降の人間活動により膨大な化石エネルギーが消費され，大気中の温室効果ガス濃度が急激に上昇した．これが地球温暖化の問題点である．

温室効果ガス濃度の上昇が地球気温の上昇を引き起こす，物理化学的なプロセスは，昔からよく理解されていた．一方，産業革命以降に大気中の温室効果ガス濃度が急激に上昇する実態と，観測時代における気温上昇の事実が明らかになるにつれ，人間活動が地球温暖化を駆動していることがコンセンサスとなるに至った．これは比較的最近のことであり，IPCC（気候変動に関する政府間パネル）が果たした役割が大きい．

IPCC第4次評価報告書の内容については後述するが，地球温暖化の議論には，現在の気温上昇が温室効果ガス濃度の上昇によるものではないという論争があるので，以下に簡単に紹介する．すなわち，気温上昇こそが大気中の二酸化炭素濃度を駆動しており，気温上昇は地球系からみると外的な要因により決まる，というのが根拠の概略である．これには，気温上昇と二酸化炭素濃度上昇のどちらが先行しているかといった微妙な問題を含んでいる．確かに，数十万年前に周期的に現れた高温期と温室効果ガス濃度上昇期の一致について考えた場合，温室効果ガスの上昇を説明するイベントが何であるかは明らかになっていないといえる．また，これとは別に海水温が上昇すると，海水中に溶解している二酸化炭素が大気へ放出され易くなることも指摘できる．

こうしてみると，地球温暖化の真の原因については今後解明すべき点が多いが，温暖化による影響評価において問題とすべきは，過去30年程度の間に起こった気温上昇速度が，少なくとも近代文明が発祥して以来，これまでにないスピードであることだ．加えて，今世紀末には，さらに昇温のスピードが加速すると予測されていることだ．

3．地球温暖化に関する国際的な流れ

近年の地球温暖化に関する動向を年表にすると表2.1のようになる．地球温暖化の危機が最初に認識されたのは，今から24年前，1985年に開催されたフィラハ会議といえるだろう．この会議では「来世紀前半における世界の気温

表2.1 地球温暖化問題に関する世界の動向

年	出来事
1798	マルサス「人口論」
1962	レイチェル・カーソン「沈黙の春」
1972	ローマクラブ「成長の限界」
1977	国連沙漠会議 (UNCCD)
1979	世界気候会議 (WMO) 温室効果による温暖化を警告
1980	アメリカ政府「西暦2000年の地球」 10月 フィラハ会議 (気候変動に関する科学的知見の整理のための国際会議)
1985	ウィーン条約 (オゾン層保護)
1987	「モントリオール議定書」
1988	11月 気候変動に関する政府間パネル (IPCC) 設立
1989	11月 大気汚染と気候変動に関する環境大臣会議 ノールトヴェイク会議・ノールトヴェイク宣言 温室効果ガスの排出量を安定化させる必要性を世界が認める
1990	8月 IPCC第1次評価報告書 (2100年までに地球の平均気温が3℃上昇)
1991	UNFCCCが気候変動枠組み条約の交渉開始
1992	6月 気候変動枠組み条約の採択 (ニューヨーク) 地球の気候に危険がない水準に大気中の温室効果ガス濃度を安定させる目的 「国連環境開発会議」地球環境サミット (アジェンダ21採択, リオ宣言)
1993	経済協力開発機構 (OECD)「農業と環境」合同専門部会設置
1994	3月 気候変動枠組み条約発効 レスター・ブラウン (ワールドウォッチ研究所)「地球白書」創刊
1995	3月 気候変動枠組み条約締約国会議 (COP1) ベルリンで開催 12月 IPCC第2次評価報告書 温暖化がすでに起きている証拠がある
1996	シーア・コルボーン「奪われし未来」
1997	12月 COP3 (地球温暖化防止会議)で「京都議定書」を採択 先進国は08～12年の温室効果ガス排出量を90年比で5.2％削減する
2001	3月 アメリカが京都議定書から脱離 IPCC第3次評価報告書 7月 COP6再会合で議定書運用ルールに最終合意
2002	6月 日本が京都議定書批准 日本政府が「地球温暖化対策推進大綱」を策定
2003	第3回世界水フォーラム開催 レスター・ブラウン (アースポリシー研究所)「プランB」
2004	11月 ロシアが京都議定書批准 12月 COP10 (ブエノスアイレス)
2005	2月 京都議定書発効 7月 主要国首脳会議 (G8サミット) 温暖化が主要議題に
2006	アル・ゴア「不都合な真実」
2007	スターン・レビュー 今後20～30年の対策が22世紀へかけた気候に対して劇的な効果があることを示唆
2008	IPCC第4次評価報告書 京都議定書第1約束期間がスタート 洞爺湖サミット 温暖化問題が重要な議題に

上昇はこれまで人類が経験したことがない大幅なものになるだろう」という宣言が採択された．フィラハ会議から8年経過した1988年に，その後大きな役割を果たすIPCCが設立された．

IPCCが1990年に公表した第1次評価報告書は，「2100年までに地球の平均気温が3℃上昇する」ことを指摘した．この翌年には，温暖化に関する科学的な知見を政策に反映するため，気候変動枠組み条約の交渉が始まった．続いて1995年に公表されたIPCC第2次評価報告書は，「すでに温暖化が起きている証拠がある」とした．こうして地球温暖化の実態が明らかになるのと並行する形で，1997年に開催したCOP3（第3回気候変動枠組み条約締約国会議）において京都議定書を採択した．この辺りまでが，地球温暖化問題の第1期といえるだろう．

地球温暖化の実態や問題点に対する認識が10年あまりで急速に解明され，かつ深まったこととは対照的に，続く第2期は停滞の時期であったといえる．すなわち，アメリカの京都議定書離脱とロシアが批准に至る経緯を経て，2005年の京都議定書の発効をみるまでに8年を費やしている．世紀末における世界観の微妙な変化と同調したのだろうか，こうした大国の主張に翻弄された年月は，今から考えるとどれほど無駄な時間であったか知れない．

こうして，2007年にIPCC第4次評価報告書が公表され，2008年に京都議定書の第1約束期間に入った．ここまでを第2期とすることができるだろう．

これ以降の第3期は，二酸化炭素濃度を安定化させるために具体的な対策を実行する時代，すなわち現在である．

4．過去の温暖化の実態

1）地球規模の傾向

IPCC第4次評価報告書（2007）による地球温暖化の科学的根拠（IPCC-WG1）を要約すると次のようである．すなわち，近年の観測結果から，①温暖化には疑う余地がなく，1906～2005年に観測された過去100年間の世界平均の気温上昇は0.74℃である．②世界平均の海面水位が1961～2003年までに

年間約1.8 mmの割合で上昇しており，グリーンランドと南極の氷床の融解がこれに寄与している可能性が非常に高い．③北半球および南半球の両方で，山岳氷河と積雪が減少している．これらに関連する現象を図2.1に示す．

さらに加えて，④多くの陸域で，大雨の頻度が増加している．⑤寒い日や霜の日数が減少し，暑い日や熱波の頻度が増加したことを指摘している．第4次評価報告書はこれらの事実に基づき，「20世紀半ば以降に観測された世界平均気温の上昇は，人為起源の温室効果ガス濃度増加による可能性が非常に高い」として，人為起源の温室効果ガスの増加が温暖化の原因であることを結論づけている．

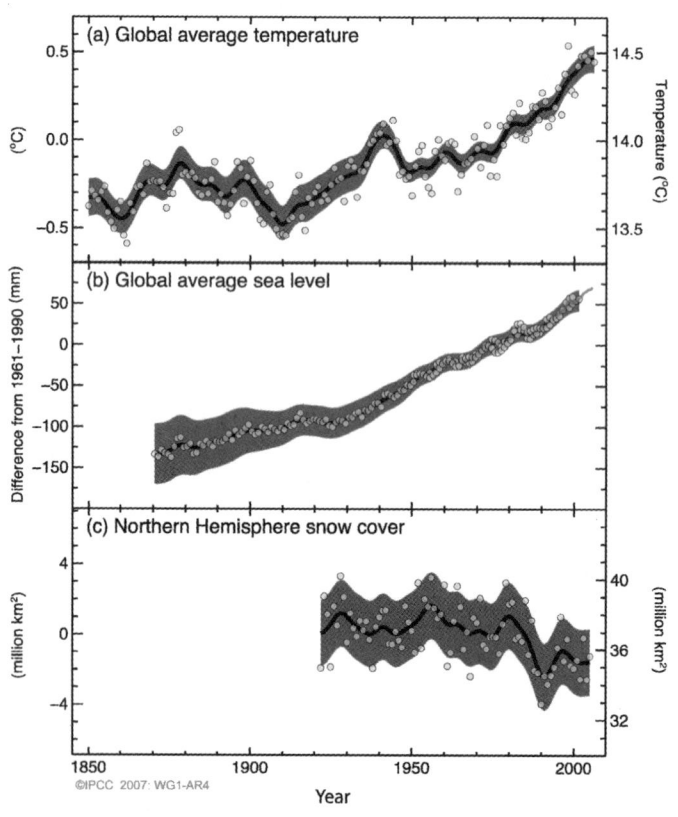

図2.1 世界平均気温（上段），海面水位（中段），山岳氷河と積雪量（下段）の変化（IPCC, 2007）

2）日本における傾向

気象庁では，1974年以来5年ごとに「近年における世界の異常気象と気候変動-その実態と見通し-」を公表している．近年刊行された「異常気象レポート2005」（気象庁，2005）では，過去の気候変動として，以下の特徴を示している．

(1) 気温

近年の平均気温の上昇傾向が認められる．日本の年平均気温は1980年代後半から高温状態が続き，特に1990年代に入ってからは顕著に高温な年が増加して現在まで継続している．

(2) 異常高温・異常低温・真夏日日数

異常高温の出現数の増加および異常低温の出現数の減少が認められる．1901～2004年の104年間での月平均気温の高いほうから1～3位（以降，異常高温と呼ぶ）の出現数と，低いほうから1～3位（以降，異常低温と呼ぶ）の出現数について，20世紀初頭と最近30年間の出現数を比較すると，異常高温が5.8倍に増加し，異常低温は約3割にまで減少している．また真夏日（日最高気温が30℃以上）の日数は1980年代以降，酷暑日（日最高気温が35℃以上）の日数も1980年代後半以降増加傾向となっている．

(3) 降雨量・降雪量

降水量の年間変動が大きくなっている．全国平均の降水量において1901～1930年の標準偏差は8.7 mmであったのに対し，1975～2004年のそれは12.3 mmと増加している．また，降雪量は，気象庁が観測している年最深積雪（前年秋～該当夏までの最も深い積雪深）が，北日本・日本海側，東日本・日本海側，西日本・日本海側のいずれの地域においても，それぞれ4.7％，12.9％，18.3％の減少となっている．

(4) 異常多雨・異常少雨

両者とも増加している．1901～2004年の104年間での月平均降水量の多いほうから1～3位（以降，異常多雨と呼ぶ）の出現数と，低いほうから1～3位（以降，異常少雨と呼ぶ）の出現傾向を見ると，1980年代以降は異常多雨，異

常少雨ともに出現数が増加する傾向にある.

(5) 降水強度

大雨の強度および日数の増加傾向，弱い降水の減少傾向が認められる．日降水量を小さい値から順に10区分した降水強度別の年間総降水量の経年変化を見ると，階級1と3の総降水量の減少傾向および階級10の総降水量の増加傾向が示されている．さらに，日降水量100 mm以上，200 mm以上の出現数も増加傾向が認められる．

(6) 台風

1960年代半ばと1990年代はじめにピークが見られ，近年は比較的減少する傾向となっている．日本への接近数と上陸数についても発生数と同様の傾向を示している．また，強い台風の発生数を見ると，長期的に増減いずれかに偏る傾向はなく，発生割合にも明確な傾向は現れていない．

(7) 海面水位

過去約100年にわたって統計的に有意な上昇は認められないが，1980年代後半から海面水位の上昇傾向が続いている．近年は1950年頃と並んで過去100年で最も高い状態にある．2004年の値は過去100年の平均値より67 mm高く，過去最高記録を更新している．

5. 温暖化の将来予測

1) 地球規模でみた温暖化の予測

将来の気温変動予測の基準となる温室効果ガス二酸化炭素排出量のシナリオ（以降，SRESシナリオと呼ぶ）は，4種の社会発展構造を示すストーリーラインによって規定されている．ここで，4つのストーリーラインというのは，自然志向社会-開発志向社会と地域主義社会-グローバリゼーション社会の2種類の座標軸上の平面における4つの象限にそれぞれ対応している（表2.2）．例えば，将来の社会構造が開発志向かつグローバリゼーション拡大の方向に進む場合，あるいは自然志向のもとで地域主義が維持される社会へ進む場合，などに準拠した将来の温室効果ガス二酸化炭素排出量が決められている．

表2.2 SRESシナリオの要素別にみた特徴

要素	A1				A2	B1	B2
	A1C	A1G	A1B	A1T			
人口増加	低い	低い	低い	低い	高い	低い	中
経済成長	非常に高い	非常に高い	非常に高い	非常に高い	中	高い	中
エネルギー需要	非常に高い	非常に高い	非常に高い	高い	高い	低い	中
土地利用変化	低〜中	低〜中	低い	低い	中〜高	高い	中
資源利用	高い	高い	中	中	低い	低い	中
技術革新	速い	速い	速い	速い	遅い	中	中
技術革新の方向	石炭	石油・ガス	化石/非化石バランス	非化石燃料	地域による	効率性に順応	中

温暖化の予測は，これらの温室効果ガス排出シナリオだけでなくどの数値モデルを使ったかによって大きく異なる．IPCC第4次評価報告書WG1（科学的根拠）にまとめられている結果は以下の通りである．

(1) 気温

今後20年間は10年あたり約0.2℃の割合で上昇する．また，21世紀末の世界の年平均気温は，1980〜1999年の年平均値と比べて1.1〜6.4℃の範囲で上昇する．

(2) 海洋

世界平均海面水位の2090〜2099年の平年値は，1980〜1999年の平年値と比べて0.18〜0.59 mの範囲で上昇する．同時に，大気中の二酸化炭素濃度の増加は海洋の酸性化を引き起こし，21世紀末には世界平均でみた海洋表層のpHは現在に比べて0.14〜0.35低下する．

(3) 降水量

高緯度地域ではかなり高い可能性で年間平均降水量の増加が見込まれており，一方多くの亜熱帯地域では年間平均の降水量が減少する．定量的には，2090〜2099年の平年値が1980〜1999年の平年値と比べて最大で20％減少する可能性が高い．

(4) 極地の変化

特に大きな変化が予測され，温室効果ガス排出シナリオの違いに関わらず，北極および南極双方の海氷が縮小する．特に北極の晩夏の海氷は21世紀後半までにほとんどが消失する．

2）日本における温暖化の予測

　日本の将来の地球温暖化による気候変動の予測は，前述した「異常気象レポート2005」に示されている．予測には気象庁が開発した水平解像度20 kmのRCM20や，IPCCのPCMDI（気候モデル診断・相互比較プログラム）に提出された17研究機関23種類の予測モデルが用いられている．また，温室効果ガスの排出シナリオは，RCM20モデルはSRESシナリオのうちA2シナリオを，PCMDIモデルはA2シナリオとA1Bシナリオ，B1シナリオの3シナリオを用いて予測を行っている．A1Bシナリオは，急速な人口増加とグローバリゼーションが高まる豊かな社会を想定したA1シナリオ（表2.2）のなかで，エネルギー利用と技術改革がバランスよく発展するシナリオである．予測結果を要約すると以下の通りである．

(1) 気温

　PCMDIモデルの予測結果では，2070〜99年の気温の平年値は1961〜1990年の平年値と比べて1.3〜4.7℃（地域別では1.2〜5.8℃）程度の昇温が生じ，高緯度地域でより昇温が大きくなる．RCM20の予測結果でも，2081〜2100年の気温の平年値は1981〜2000年の平年値と比べて2〜3℃（北海道の一部で4℃）程度の昇温が生じると予測され，高緯度地域で昇温が大きい．

(2) 真夏日日数・真冬日日数

　RCM20の予測結果では，2081〜2100年の真夏日の出現数の平年値は1981〜2000年平年値と比べて全国的に増加（特に南西諸島では40日以上増加）し，熱帯夜の出現数も全国的に増加（最大40日以上）する．一方で，真冬日の出現数は全国的に減少（最大50日程度）する（図2.2）．

(3) 降水量・降雪量

　PCMDIモデルの予測では，2070〜99年の降水量の平年値は1961〜1990年の平年値と比べて-2.4〜16.4％（地域別では-8.4〜22.4％）の割合で変化が生じる．降雪量については，RCM20の予測結果では，2081〜2100年の降雪量の平年値は1981〜2000年の平年値と比べてオホーツク海を除く全ての地域で減少が予測される．特に現在降雪量の多い北海道から山陰にかけての日

本海側での減少が大きく，最大で年間400 mm程度の減少が起こる．

(4) 無降水日日数

RCM20では，2081〜2100年の無降水日の出現数の平年値は，1981〜2000年の平年値と比べて一部の地域を除いて増加し，特に北日本日本海側および南西諸島で著しく増加する．

(5) 豪雨日日数等

RCM20では，2081〜2100年の日降水量100 mm以上の日の出現数の平年値は，1981〜2000年の平年値と比べて太平洋側の一部地域と北海道の一部を除く多くの地域で現在よりも増加する．また，日降水量200 mm以上の日の出現数も近畿地方など一部を除く多くの地域でわずかながら増加する．

(6) 台風

文部科学省が研究計画「人・自然・地球共生プロジェクト」の一環として，高精度・高分解能気候モデルの開発を行い，台風や集中豪雨等の発生頻度や強さなどに与える影響を研究している．その結果によれば，温暖化により，地球全体の熱帯低気圧の年間発生数は現在より減少するが，最大風速の

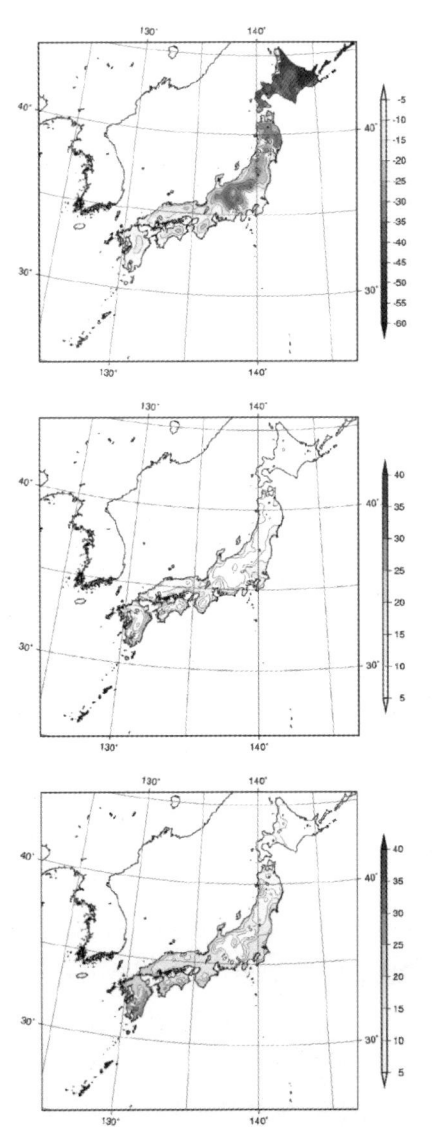

図2.2　RCM20を用いた各気象現象の年間出現日数の変化（2081〜2100年と1981〜2000年の差）（気象庁，2005）（左：真冬日，中：真夏日，右：熱帯夜，単位：日）

大きな熱帯低気圧の相対的発生割合は増加することが示されている．
(7) 海面水位

気象研究所の開発による全球大気・海洋結合モデル（MRI-CGCM2）を用いた予測実験結果によれば，A2シナリオの場合で，2100年頃の海水の膨張による全球平均の海面水位変化量は1971〜2000年の平年値と比べて約15〜16cm程度の上昇が生じると予測されている．ただし，実際には本モデルで考慮されていない氷河・氷床等の陸氷の融解による影響も加わるため，この値よりも大きな海面水位の上昇が考えられる．

6．温暖化の影響

1）地球規模でみた影響

ほとんどの生態系は，急激な環境条件の変化の影響を過去において受け，また将来において受けることが予測される．これらの点について，IPCC第4次評価報告書WG2（影響・適応・脆弱性評価）を要約すると次のようである．

植物相と動物相が，極地方へあるいは高標高地帯へ移動している．様々な陸域種の温暖化への応答は，生育ステージの変化（生物季節学的変化），特に春の諸現象や鳥類の渡りの早まり，生育期間の長期化として現れている．1980年代初め以降の衛星写真により，春の緑化の早まりが多地域で認められ，植物の生育期間が長期化したために純一次生産力が増加した．

農業と林業分野は，自然生態系に比べ温暖化の影響は限定的である．しかし，作物栽培季節の前進が北半球の広範囲で明瞭に観察されている．特に，北半球高緯度地域での早期植え付けといった栽培管理上の変化が現れている．生育期間の長期化は，多くの地域での林業生産量の増加として現れている．一方，農業と林業はともに干ばつや洪水に対して脆弱である．

世界中の生態系は2100年までに，過去65万年で最も高い水準のCO_2濃度の大気に，地球の平均気温では同様に過去74万年来の水準の高温に曝される．海洋のpHは過去2000万年来，最も低下する．気候変動に関連する自然現象（洪水，干ばつ，山火事，病害虫，海洋酸性化など）と，地球規模の人為的な

撹乱（土地利用変化，人口増加，資源の過度な採掘など）といった先例の無い変動要因の組み合わせは，多くの生態系がもつ環境変動に対する適応力の限界を超えると考えられる．

現在，陸上の生物圏は炭素の吸収源として役割を果たしているが，今世紀中頃を頂点としてその効果が減じ，湧源に転じて気候変動を増長すると見られる．ツンドラからのメタン排出の加速がその例である．同時に，海洋の緩衝能力は飽和状態に達する．こうした状況になると現在以上の CO_2 濃度の排出が起こる．

産業革命の頃と比較して全球平均気温が2～3℃を越す高温になると，あらゆる生態系が絶滅の危険に曝されると考えられ，現在までに約20～30％の種が評価の対象になっている．地質学的な過去の状況と比較して，消滅の危険性が最も高まっている．

温暖地域を対象としたモデル実験の結果によると，栽培地域の平均気温が中程度の上昇（1～3℃）であれば，それに伴う CO_2 濃度上昇および降水量変化の条件のもとで，穀物の収量がいくらかは増加し，プラスの効果となる．しかし低緯度地帯，特に季節的に乾期のある熱帯では，気温上昇幅が1～2℃でも，多くの穀物の収量に負の影響が現れる．さらなる気温上昇は，どの地域に対しても負の影響を及ぼす．

長期間のトレンドとして進む温暖化に加え，極端な気象の出現頻度および強度が増すことにより，食料および林業生産性の不安定化が起こることが明確に予測されている．最近の研究では，熱波，干ばつ，洪水の頻発が，作物収量と家畜の生産に負の影響を及ぼすことが示されている．すなわち，極端な気象現象が発現するため，より規模が大きくかつ早期に負の影響が現れることが危惧される．

気温が上昇するに従い厳しい水管理が行われることになるが，気温上昇が中程度以下の範囲では，適応策による利点が多くなる．例えば穀物栽培では，品種を変え，また植え付け時期を変えるなどの適応により，減収を10～15％回避することができる．これはその地域における気温差に換算すると1～2℃の上昇に相当する．

C3植物では550 ppm濃度の条件において他のストレスがなければ10〜20％増収となる．また，C4植物では0〜10％増える．CO_2濃度が上昇した条件で作物モデルを使った推定では，これらの実験値と一致する結果が得られた．しかし，CO_2濃度の上昇と気温上昇は同時に起こるため，複合的な効果に関する研究が必要である．

2）日本への影響

最近，環境省地球温暖化影響・適応研究委員会は，地球温暖化が日本の様々な分野へ及ぼす影響について最新の研究をレビューした報告書「気候変動への賢い適応」を発表した（環境省地球環境局，2008）．これは，日本における影響の実態，予想される影響，社会的要素を考慮した脆弱性評価，適応策，今後の課題について網羅的にまとめたものである．ここではその中から，森林生態系と農業生態系に関する内容を要約して紹介する．詳細については，インターネットにて公開されているので参照いただきたい．

(1) 森林生態系への影響

自然林のなかで，ブナ林や亜高山帯の針葉樹林に影響が現れていることが指摘されている．現在，太平洋側の低標高域に分布するブナ林は若木が少なく，夏季の高温や冬季の積雪が少ないといった，ブナにとって限界の生育環境にあると考えられる．特に低山の山頂付近に分布する場合は，温暖化するとブナの分布下限が山頂より高くなってしまうため，最も早い時期に衰退すると予想される．筑波山はこのうちのひとつである．亜高山帯針葉樹林でも同様の影響が現れている．現在のブナ林の分布適地は，今世紀中頃には44％〜65％へ，今世紀末には7〜31％にそれぞれ減少することが予測されている．白神山地世界遺産地域では，ブナ林の分布適地は大きく減少してミズナラなどの落葉広葉樹に変わっていくことが指摘されている．

森林は気温や風雪などの気象に関わる要因の他に，オゾンなどの大気汚染物質，動物による食害，昆虫が媒介する病原菌，マツ材線虫病などの要因で枯死する．温暖化に伴い，気象要因以外の影響も増大して森林を衰退させると考えられる．

富士山の南斜面では，1976年には永久凍土の下限が標高3100～3300 mに存在していた．しかし，22年後の1998年の調査には，標高3200～3400 mへ移動し，標高差で100 mの永久凍土地帯が消失した．現在の温暖化が継続すると，永久凍土は山頂付近に不連続に分布するのみとなる．標高が低く，かろうじて高山分布がみられる山岳では，「追い落とし現象」が顕著になり，標高の低い地域の植物と混生状態になることが予想される．

　生物季節も変化している．全国で観測された1961～2004年の植物季節データによれば，春から夏にかけてツバキ，ウメ，タンポポ，サクラ，フジ，ハギの開花と，イチョウの開芽が年々早まる傾向がみられる．またアジサイの開花，秋におけるイチョウの黄葉，カエデの紅葉は遅くなっている．

(2) 農業生態系への影響

　日本の代表的な農業生態系のなかで，水稲栽培にどのような影響が及ぶだろうか．環境省地球温暖化影響・適応研究委員会の報告書にある温暖化影響のメカニズムを図2.3に示す．地球規模の環境変動の根源的な原因は，大気中の温室効果ガスとエアロゾル濃度の上昇であり，これに加えて地球規模の熱収支・水収支の変化，エル・ニーニョやラ・ニーニャの発現である．これらが，干ばつや洪水を誘導し，よりスケールの小さい気候システムに変調を与える．その結果，日本列島周辺に多様な環境変動が起こり，食料生産に影響する．こうした影響を軽減するための適応策は，アジア地域固有の社会的要因をも視野に入れて実施する必要がある．

　ところで農林水産省は，地球温暖化に対する適応策を講じるために「気象変動に適応した水稲生産技術に関する検討会」の開催や「水稲高温対策連絡会議」を設置し，本格的な検討に着手している．そのなかで，2001年に「高温による水稲作への影響と今後の技術対策に関する資料集」を，2002年に「近年の気候変動の状況と気候変動が農作物に及ぼす影響に関する資料集」を公表した．これらの資料集は，水稲ばかりでなく，コムギ，ダイズ，野菜，果樹，茶などの生産物への影響の実態と将来予測を示したもので，対策の指針として幅広く利用できる．

　栽培期間の気温上昇を背景として，関東農政局管内ではコシヒカリを安全

第2章 地球温暖化の影響および適応策の課題

地球規模でみた要因
- 温室効果ガス濃度の上昇による加熱
- エアロゾルの増加による冷却
- 地球規模の熱収支および水収支の変化
- エル・ニーニョ/ラ・ニーニャの発現

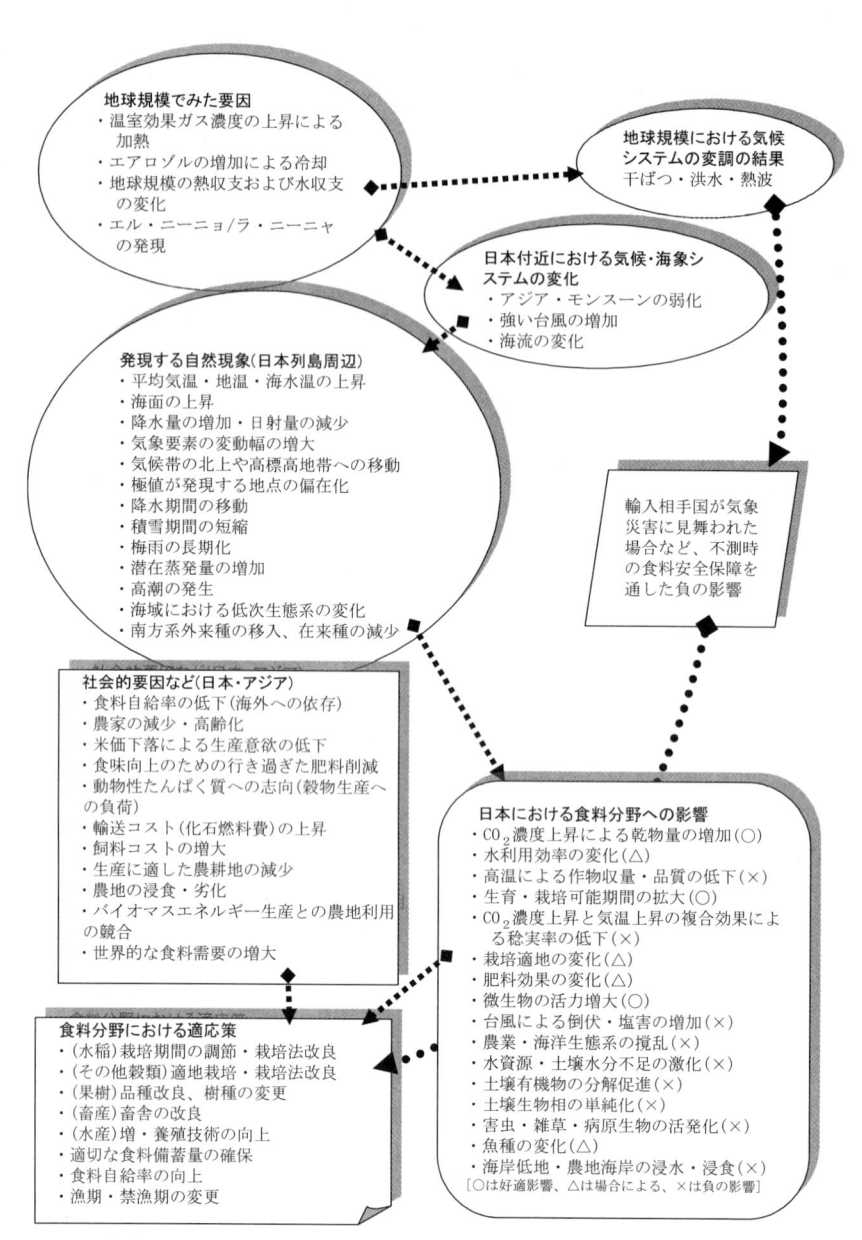

地球規模における気候システムの変調の結果
干ばつ・洪水・熱波

日本付近における気候・海象システムの変化
- アジア・モンスーンの弱化
- 強い台風の増加
- 海流の変化

発現する自然現象(日本列島周辺)
- 平均気温・地温・海水温の上昇
- 海面の上昇
- 降水量の増加・日射量の減少
- 気象要素の変動幅の増大
- 気候帯の北上や高標高地帯への移動
- 極値が発現する地点の偏在化
- 降水期間の移動
- 積雪期間の短縮
- 梅雨の長期化
- 潜在蒸発量の増加
- 高潮の発生
- 海域における低次生態系の変化
- 南方系外来種の移入、在来種の減少

輸入相手国が気象災害に見舞われた場合など、不測時の食料安全保障を通した負の影響

社会的要因など(日本・アジア)
- 食料自給率の低下(海外への依存)
- 農家の減少・高齢化
- 米価下落による生産意欲の低下
- 食味向上のための行き過ぎた肥料削減
- 動物性たんぱく質への志向(穀物生産への負荷)
- 輸送コスト(化石燃料費)の上昇
- 飼料コストの増大
- 生産に適した農耕地の減少
- 農地の浸食・劣化
- バイオマスエネルギー生産との農地利用の競合
- 世界的な食料需要の増大

食料分野における適応策
- (水稲)栽培期間の調節・栽培法改良
- (その他穀類)適地栽培・栽培法改良
- (果樹)品種改良、樹種の変更
- (畜産)畜舎の改良
- (水産)増・養殖技術の向上
- 適切な食料備蓄量の確保
- 食料自給率の向上
- 漁期・禁漁期の変更

日本における食料分野への影響
- CO_2濃度上昇による乾物量の増加(○)
- 水利用効率の変化(△)
- 高温による作物収量・品質の低下(×)
- 生育・栽培可能期間の拡大(○)
- CO_2濃度上昇と気温上昇の複合効果による稔実率の低下(×)
- 栽培適地の変化(△)
- 肥料効果の変化(△)
- 微生物の活力増大(○)
- 台風による倒伏・塩害の増加(×)
- 農業・海洋生態系の撹乱(×)
- 水資源・土壌水分不足の激化(×)
- 土壌有機物の分解促進(○)
- 土壌生物相の単純化(×)
- 害虫・雑草、病原生物の活発化(×)
- 魚種の変化(△)
- 海岸低地・農地海岸の浸水・浸食(×)

[○は好適影響、△は場合による、×は負の影響]

図2.3 地球温暖化の要因および食料分野への影響・適応策に関する全体像(環境省,2008)

に栽培するガイドラインを示したパンフレットを生産者へ配布し，そのなかで5月5日以降に田植えを行うことを奨励した．さらに，品種によっては5月下旬〜6月上旬といった従来よりも遅い時期の田植えを奨励した．栽培期間を遅らせることにより，登熟期の高温による登熟不良を回避するのが狙いである．

最近20年間における地域別の水稲作況指数を図2.4に示す．九州地域では，1991年の台風被害，1993年の冷害などとともに，1999年および2004年以降の低下が起こっている．1999年と2004年に起こった現象は登熟期間の高温による負の影響と考えられ，地球温暖化が水稲栽培に及ぼす影響の具体的な事例として注目されており，対策が検討されている（農林水産省，2006）．対策としては，栽培時期を遅らせること，また従来品種に代わる高温耐性に優れた品種を開発することが考えられている．後者については，高温耐性に加えて良食味の品種「にこまる」の開発が進み，2007年から福岡県や佐賀県で栽培されはじめた．

収量と気象要素の関係について見てみよう．気温の上昇が収量減少を引き起こす要因は，図2.5によく表されている．図の横軸は水稲出穂後40日間の平均気温を，縦軸は収量をやはり出穂後40日間の平均日射量で割った値をそ

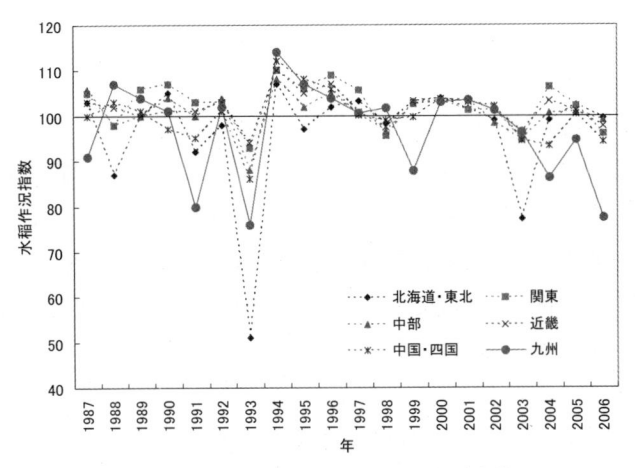

図 2.4　地域別水稲作況指数の年々変動

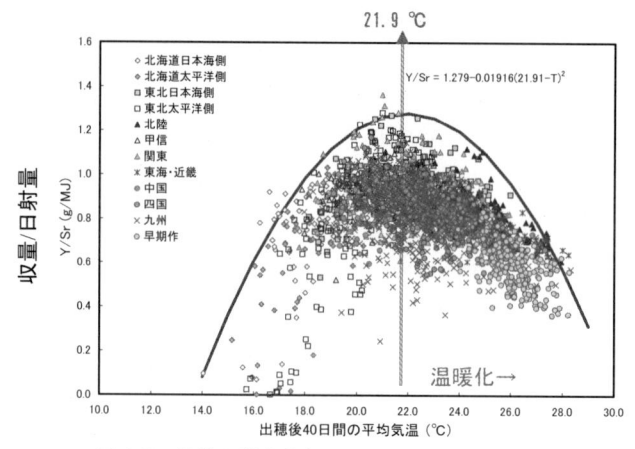

図2.5　気温と潜在的収量の関係（林ほか，2001）

れぞれ示す．国内の作柄表示地帯における近年の普通栽培と早期栽培を対象として，気温と日射量当たりの収量の関係を散布図に示したものである（林ほか，2001）．地域ごとに異なるシンボルで表してあるが，登熟期間の気象条件は毎年異なること，近い地域でも栽培条件に差があることなどのためにかなり広範囲に分散した関係を示している．ここで，もし毎年の気象が水稲栽培に適した条件で安定し，かつ最適な方法により栽培管理されたと仮定すると，各点は分散した領域の上限付近に集まることが期待できる．これが図中の2次曲線で，この関係で決まる日射量当たりの収量を潜在的な収量と考えることができる．

図2.5は，現在の日本における水稲栽培では，出穂後40日間の平均気温が21.9℃の場合に最も潜在収量が多いことを示している．現実的な条件とは言い難いが，温暖化により日平均気温が一律に上昇する場合を想定すると，潜在収量の減収率は，気温が2℃上昇すると約6％，2.5℃上昇すると約10％になる．これらの推定は単純であるが，地域気候シナリオを利用した最近の予測結果と比較しても同様の数値である．

出穂最盛期後の平均気温が一定値を超えると登熟度が低下すると同時に，品質低下が顕著になることが知られている．水稲の登熟度に関する研究によると，登熟度は温度条件のみならず光条件にも依存する．舛屋（2008）はこの

点に注目し，図2.4で高温の影響として指摘した1999年と2004年の九州地域を対象として，出穂後20日間の平均気温（最高気温，最低気温）と日照時間の出現傾向を調べた．その結果を図2.6に示す．黒色が1999年，白色が2004年を，また，最高気温を基準にした場合を○，最低気温の場合を△で示してある．対象とした2年以外の年については，灰色で示してある．日最高気温の場合について見ると，両年とも，分散した集団の左上に分布している．日最低気温についても同様の傾向が現れている．このことは，1999年と2004年の作況指数の低下は，高温条件と少日照時間が複合した気象条件に対応して発生したものと考えられる．高温と寡照が複合した効果により作況指数の低下の規模が増大するメカニズムについては，さらに解明が必要である．こうした現象をモデル化し将来予測に活用することが望まれる．

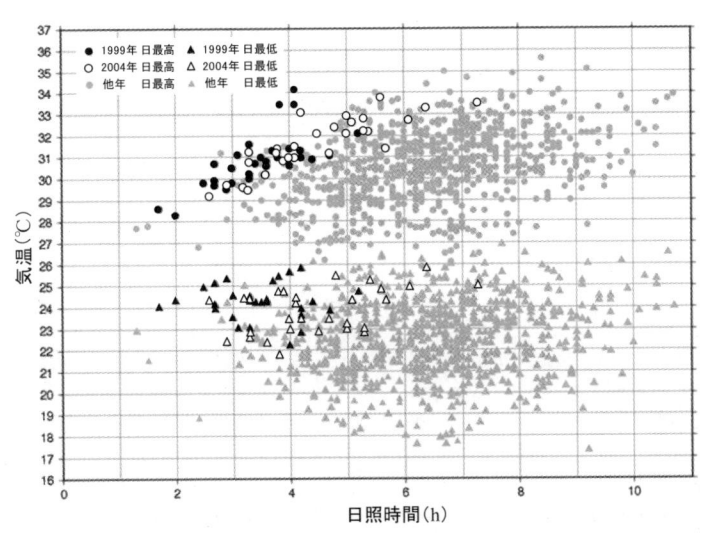

図2.6　1999，2004年の出穂期後20日間の日最高・日最低気温と日照時間の関係（舛屋，2008）

7. 地球温暖化時代のリスク

過去の影響の実態と将来予測の結果を，影響緩和に活用することこそが重要である．この場合，温暖化の影響をリスクとして把握し評価することが強く求められる．これは，気候変動枠組み条約第2条において「気候変動に対して危険な人為的干渉を及ぼすこととならない水準で，大気中の温室効果ガスの濃度を安定化させることを究極の目標とする」とされていることと関係している．この条文は，温暖化の危険な水準および影響が発生する閾値の分析を行う重要性を指摘しており，不確実性の解明とともに影響をリスクとして認識する必要があることを示している．

地球温暖化時代の水稲栽培におけるリスクのひとつとして，冷夏による冷害が考えられる．1898年～2004年の気温と水稲収量の経年変化を図2.7に示す．気温の上昇率を求めたところ1.1℃/100年となった（破線）．気温のデータはヒートアイランドの影響の小さい地点を代表しているため，ここに示した直線は日本における温暖化の速度を表しており，世界の地上気温の上昇率と比較すると約1.5倍である．これは，高緯度地帯ほど相対的に気温上昇の規

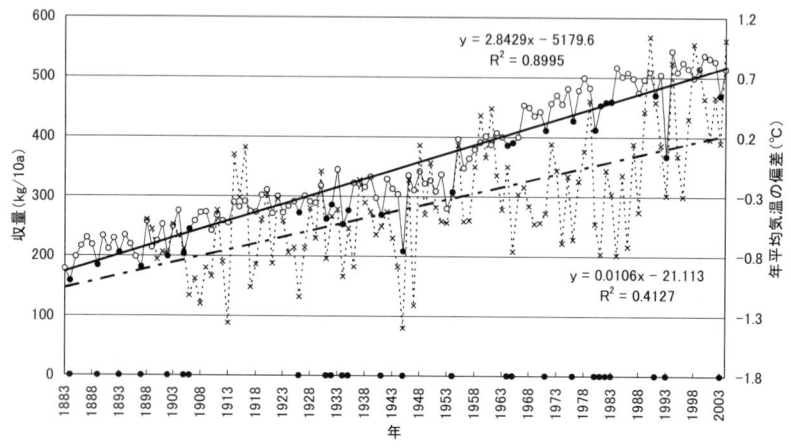

図2.7 水稲収量と年平均気温の経年変化
収量を○と実線で，年平均気温を×と破線で示す．また，収量変化を示す一次回帰式を太い実線で，気温変化を示す一次回帰式を一点鎖線で示す．横軸上の●は冷害発生年を示す

模が大きく現れる現象を裏付けている．図2.7の実線は毎年の水稲収量であり，黒丸は冷害発生年を示す．1993年や2003年の冷害は記憶に新しく，近年温暖化が進んだにも関わらず冷害の発生頻度が減少したとは言えないことがわかる．よく見ると，例えば1993年の水稲収量は367 kg/10 aに落ち込んだが，平均収量がほぼ等しい1956年の前後3年間には冷害が発生していない．こうした現象の背景として，最近，比較的気温が低い地帯でコシヒカリなどの銘柄米を栽培するケースが増えると同時に，年々の気温変動の偏差が増大していることが考えられる．

　すでに述べたように，最近100年で0.74℃気温が上昇した．さらに今後100年間で1.1～6.4℃上昇することが予測されている．このように，地球温暖化は平均気温の上昇として認識されている．しかし平均気温の上昇の実態を考えると，毎日の気温が一律に上昇するわけではない．高温をもたらす気象システムの発現頻度が相対的に卓越するように気候が変化する，と考えるのが一般的である．表現を変えれば，例えば，平均気温の上昇が真夏日を増やし霜日数を減らすのではなく，真夏日の増加や霜日数の減少を引き起こす気象擾乱の発現頻度が少なくなるために，結果的に平均気温が上昇するのである．また，真夏日や霜日数を規定する擾乱の空間スケールは地球温暖化の空間スケールより小さいため，影響を及ぼす地域も限定される．温暖化の影響を評価する場合には，こうした相対的に小さいスケールの現象が本質的な影響を及ぼすことをよく理解しておく必要がある．

8．今後の温暖化研究へ向けて

　地球温暖化の影響評価について，これまでに一定の研究成果が蓄積された．今後は，影響評価の現実性を高めるために次の三つの観点が重要である．すなわち，①複数の要素が同時に影響すると単一の要素が影響した場合と異なる負の効果が現れる現象の解明である．例えば，CO_2濃度上昇が穀物に及ぼす施肥効果（好適な効果）は，気温上昇と同時に作用するとむしろ稔実率の低下（負の効果）となって現れることが指摘されている．また，高温と寡照の気象条件が同時に影響すると，収量や品質の低下の割合が増大することが明ら

かになっている．次に，②多様な生態系をできるだけ広範に捉えた影響の解明である．例えば，温暖化により害虫の個体数が増加することで被害が増加すると予想されるが，食物連鎖のなかで上位に位置する捕食者の個体数も同時に増加することが考えられる．さらに，自然界では③負の影響を及ぼす要因として，自然的要素が直接作物の生育へ及ぼす効果と病害虫などの相の変化を介した間接的効果が同時に働いている．生態系全体を取り扱うことは到底困難だが，こうした方向へ向けて研究を進展させることが望まれる．

地球温暖化の研究のなかでこれまで取り上げられている主な適応策は，温暖化した気候条件のもとで適作期や適作地を選択するものや，新しい品種や品目を導入するものである．上述した，現実性を高める観点を導入した影響評価が行われることにより，適応策の有効性に関する議論が充実する．この結果，脆弱性評価の確度が向上し，合理的な政策決定のための判断を促す材料が提案可能となる．

最後に，2006年に発表されたスターン・レビューは以下のように述べている．

すなわち，将来の気候変動に対する対策を今すぐ実施したとしても，その効果が現れるまでには長い時間がかかる．われわれが現時点で行っている対策は，今後40～50年を超える気候に対しては極めて限定的な効果しか及ぼさない．しかし，今後20～30年間にわれわれが行う対策は，今世紀後半から22世紀にかけての気候に対して劇的な効果を及ぼす．

さらに，次のように続けられている．

気候変動に伴う影響を確実に予測することは不可能である．しかし，気候変動に伴う影響のリスクを充分に理解することができる．緩和策（温室効果ガスの排出量を削減する対策）は将来への投資とみなすことができる．もし，このような投資が賢明に行われるならば，コストを支払うことが可能な範囲に抑えることができるだけでなく，将来の成長と発展の契機となることが考えられる．このための政策は，健全な社会基盤の形成，失敗の克服，リスクの緩和，などを中心に据えて立案されなければならない．

参考文献

林　陽生・石郷岡康史・横沢正幸・鳥谷　均・後藤慎吉：温暖化が日本の水稲栽培の潜在的特性に及ぼすインパクト．地球環境，6，141-148（2001）

IPCC（2007）：Climate Change 2007-Impacts, adaptation and vulnerability. Cambridge University Press, 976

環境省地球環境局編：「4つの社会・経済シナリオについて―温室効果ガス排出量削減シナリオ策定調査報告書―」，http://www.env.go.jp/earth/report/h13-01/index.html

環境省地球環境局編：地球温暖化影響・適応研究委員会報告書「気候変動への賢い適応」，http//www.env.go.jp/earth/ondanka/rc_eff-adp/index.html

気象庁編：「異常気象レポート2005」，http//www.data.kishou.go.jp/climate/cpdinfo/climate_change/2005/pdf/2005_all.pdf

農林水産省編：高温による水稲作への影響と今後の技術対策に関する資料集，農林水産省，115（2001）

農林水産省編：近年の気候変動の状況と気候変動が農作物に及ぼす影響に関する資料集，農林水産省，190（2002）

農林水産省編：水稲の高温障害の克服に向けて（高温障害対策レポート），31（2006）

舛屋寛仁：九州地域における気温及び日照と水稲収量の関係，筑波大学第一学群自然学類（地球科学主専攻）平成19年度卒業論文，34（2008）

第3章
農業生態系における温室効果ガス発生量の評価と制御技術の開発

八木一行
(独)農業環境技術研究所 物質循環研究領域上席研究員

1. はじめに

　急激な人間活動の拡大は，地球規模での物質循環に影響を与え，大気組成を変化させている．炭素については，化石燃料の燃焼と森林伐採など土地利用の変化により，毎年，約63億トンの炭素（6.3 Gt C）を二酸化炭素（CO_2）として大気に放出している[1]．窒素については，農業生産のための大気中窒素の化学的固定とマメ科植物の利用等，人為的な大気窒素の固定量が毎年約1.2億トン（120 Mt N）に達し，自然界での窒素固定量を上回りつつある[2]．このことが，さまざまな窒素化合物の大気中濃度を増加させている．これらの結果，CO_2，メタン（CH_4），亜酸化窒素（N_2O：一酸化二窒素）などの大気中温室効果ガス濃度は，人類がこれまで経験したことのない急激な割合で増加し，地球温暖化を進行させつつある．

農耕地と農業活動は，場合によっては，上記の温室効果ガスを吸収するが，全体としては発生源となっている．なぜなら，農業は生態系におけるエネルギーと物質の収支を最大限に利用する人類必須の営みであるが，原始的な焼き畑農業にせよ，化学肥料と農薬を投入し機械化された集約的農業にせよ，自然生態系の様々な循環を改変し，その炭素と窒素の循環速度を加速し，長い時間をかけて維持されてきたエネルギーと物質の平衡状態を別の収支状態へと移しているからである．その結果，生態系から大気への温室効果ガス発生量を増加させてしまったのである．このことは，文明の基盤となる食料と繊維などの素材の供給を可能とした一方，地球温暖化の一因となっており，現代の人類が直面している化学物質の環境への負荷，水循環とエネルギー収支の改変などの他の問題とともに，生態系との関わりを改めて見直す必要のあることをわれわれに呈示している．

2．地球温暖化と農業からの温室効果ガス発生

地球温暖化に対するそれぞれの温室効果ガスの効果は，大気中の濃度と地表から放射される赤外線の吸収効率から求められるが，最大の影響力を持つCO_2以外の温室効果ガスについても，その効果の大きさが明らかにされている．すなわち，2007年に公表されたIPCC第4次評価報告書（AR4）によれば，2004年について計算された地球温暖化への寄与率は，CO_2が全体の約77％と最大であるが，CH_4とN_2Oもそれぞれ全体の約14％および8％を占めている（図3.1）[3]．

IPCC AR4の見積りでは，全球における農業生態系からの温室効果ガス発生量は年間5.1〜6.1 Gt CO_2-eq（二酸化炭素換算量）で，人為起源の13.5％を占めている（図3.1）[3]．このうち，最大の温室効果ガスであるCO_2については，発生と吸収の収支は全球でほぼバランスしていると考えられている．しかし，別に算定されている森林からの温室効果ガス発生にも農地への土地利用変化を原因とするものが含まれていることから，農業の影響は森林分野にも及んでいると言える．加えて，生態系が関与する2つの温室効果ガス：CH_4とN_2Oについて，農業生態系は，それぞれ，人為起源発生量の半分以上を占

2. 地球温暖化と農業からの温室効果ガス発生　(45)

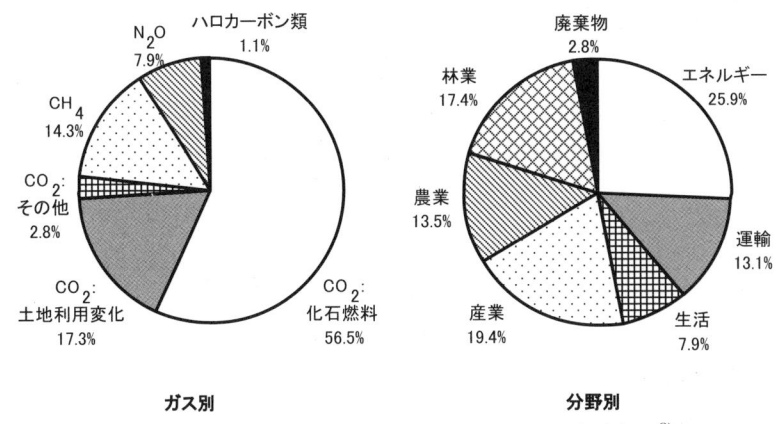

ガス別　　　　　　　　　　　　　　**分野別**

図 3.1　2004 年における世界の温室効果ガス排出量内訳[3]

めており，重要な発生源となっている[3].

図 3.2 に，IPCC 第 2 次評価報告書にまとめられた世界の CH_4 と N_2O の発生源とその発生量推定値の内訳を示す[4]．ここに示す推定値は，その後の研究により新たな発生源の可能性や各発生源の推定値の改訂も提案されているが，IPCC AR4 においても大幅な修正は成されていない．CH_4 については，湿地，シロアリ，海洋等の自然発生源からの発生量は全体の約 30 % で，残りが人為

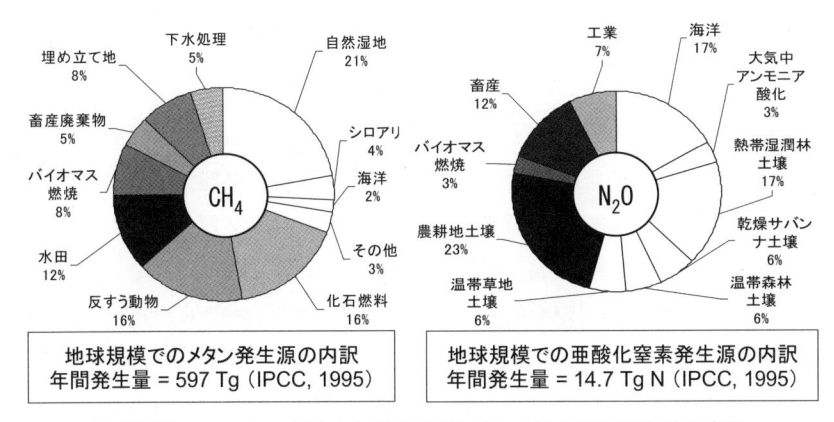

図 3.2　地球規模でのメタン（左）と亜酸化窒素（右）の発生源と発生量の内訳
　　　　（白抜きは自然発生源を，パターンの入っているものは人為発生源をそれぞれ示す）[4]

発生源からのものである.このうち,人為発生源は,天然ガスの採掘・輸送時の漏れ,石炭採掘,石油工業過程,および石炭燃焼といった化石燃料起源のものと,反すう動物の消化活動,水田耕作,バイオマス燃焼,埋立て地,畜産廃棄物,および下水処理といった生物圏起源のものとの,大きく2つに分けられる.そのなかでも,水田と反すう動物といった農業活動の寄与は極めて大きい.N_2Oについては,約半分が海洋,森林,サバンナといった自然発生源から,残りの約半分が農耕地,畜産廃棄物,バイオマス燃焼,その他の産業活動といった人為発生源からのものである.これら人為発生源のそれぞれが,大気N_2Oの濃度増加に関わっていると考えられるが,こちらも農業セクターの重要性が示唆される.特に,第二次大戦後以降における世界的な水田耕作面積の拡大,窒素肥料使用量の増加,および家畜飼養頭数の増加等,農業活動の拡大がこれらのガスの大気中濃度増加と地球温暖化に大きく影響してきたことは明らかである.

3. 農業生態系からの温室効果ガス発生量と制御技術

1) 農耕地からのCO_2発生

農耕地のCO_2については,作物の光合成による大気中CO_2の吸収と,作物の呼吸および土壌有機物や作物残渣の分解による発生のバランスから,吸収源となるか発生源となるかが決定される[5].農耕地では,耕起を行うことにより土壌中での微生物による有機物分解を促進するとともに,収穫物として系外へ炭素を持ち出すことが多い.したがって,以前に森林や草地として蓄積され平衡状態にあった土壌有機物は,耕作に伴って減少し,CO_2として放出される傾向にある.伐採時に植物バイオマスに蓄積された炭素が放出されることに加え,その後の土壌炭素の放出から,森林や草地から農耕地への土地利用変化は大きな炭素発生源となる(図3.3).実際,化石燃料がまだ多量に使用されていなかった19世紀中は,土地利用変化によるCO_2発生量は化石燃料によるものを上回っていた.20世紀以降,その関係は逆転したが,それでもなお土地利用変化によるCO_2発生量は増加を続け,2000年代では,毎年,

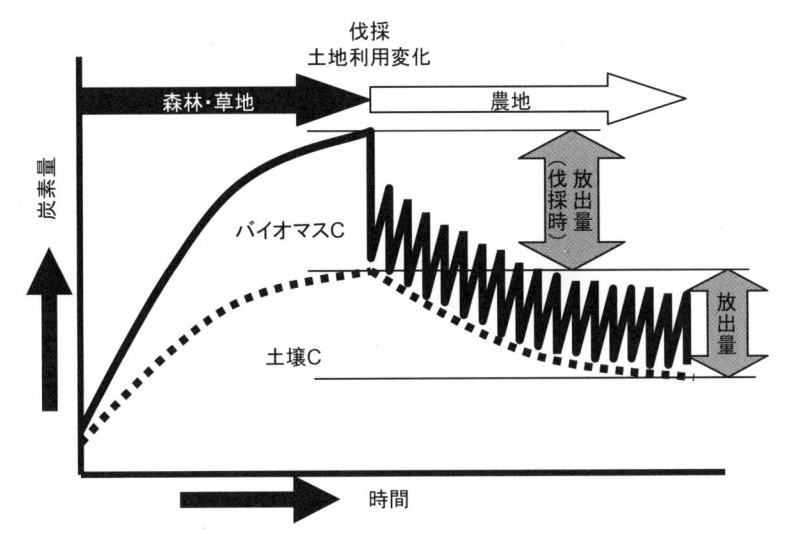

図3.3 森林・草地から農耕地へ土地利用変化した場合の生態系炭素量の変化

約15億トン炭素（1.5 Gt C）に達している[1]．

一方，管理を工夫することにより，農耕地土壌に炭素を蓄積する，すなわち，農耕地を炭素吸収源に変えることが可能である．その方法のひとつは農耕地に作物残渣や堆きゅう肥などの有機物を投入することである．この場合，投入された有機物の炭素の大部分は微生物により分解され，大気へ還って行くが，一部分は土壌中での複雑な生化学・化学反応を受け，腐食などの安定な有機物に変換される．その結果，土壌からのCO_2発生量は緩和される．さらに，毎年の投入炭素量が分解炭素量を上回れば，土壌有機物としての蓄積量が増加する．このような有機物管理による土壌炭素貯留効果については，英国のローザムステッド試験場での100年を越える試験に代表される，世界各地の農耕地における長期連用試験により実証されている．わが国においても，農林水産省の事業として，全国各地100点を超える農業試験研究機関で長期連用試験が行われており，化学肥料のみを連用した場合に比べ，稲わらや堆肥を投入することによる土壌炭素量の増加が示されている（図3.4）[6,7]．

このような炭素蓄積に効果のある農業技術として，有機物投入の他，不耕起・簡易耕起，輪作やカバークロップの導入の有効性が示されている[8]．不耕

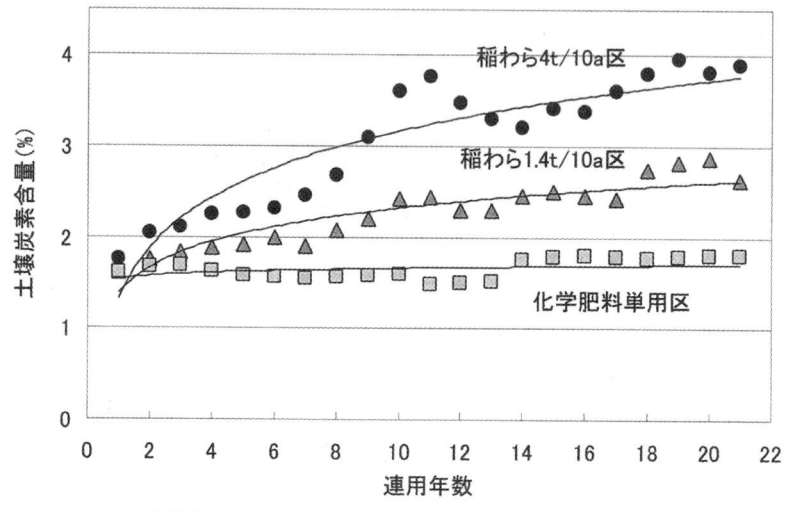

図3.4 有機物施用による水田土壌炭素量の変化（鳥取県における一例）

起・簡易耕起は土壌の撹乱を少なくすることにより，微生物による有機物分解活性を低下させる．輪作やカバークロップの導入は非耕作期間における土壌炭素の消耗を緩和できる．

また，世界的には，森林や湿地から農地への土地利用変化を抑制することや土壌侵食による表層土壌の損失を防ぐことも重要である．IPCC AR4 では，このような農耕地土壌の炭素貯留機能に大きな期待が寄せられており，CO_2換算で1トン当たり100米ドルの技術を適用した場合，2030年までに年間3,870 Mt CO_2-eq の緩和ポテンシャルがあると推定されている[3]．これは，2004年の人為温室効果ガス排出量の約8％に相当する．

2）水田からの CH_4 発生

水田では灌漑水により土壌を湛水することから土壌中の酸化物質が徐々に還元され，嫌気的な環境が発達した後，メタン生成菌と呼ばれる一群の絶対嫌気性古細菌の活動により，有機物分解の最終生成物として CH_4 が生成され

る．CH_4生成は，嫌気条件下での物質代謝の最終ステップであり，メタン生成菌は他の生物が複雑な有機物を分解して排出した低分子化合物からCH_4を生成する（図3.5）．絶対嫌気性細菌であるメタン生成菌の特性から，土壌中でのCH_4生成には，湛水に伴う土壌の還元の発達が必要不可欠な条件となる．水田土壌では，湛水開始後，土壌中の酸化物質が徐々に還元され，酸化還元電位（Eh）が-150 mV程度に低下した後，CH_4生成が開始される．土壌中で生成されたCH_4は，気泡として，田面水中を拡散して，または水稲を通って

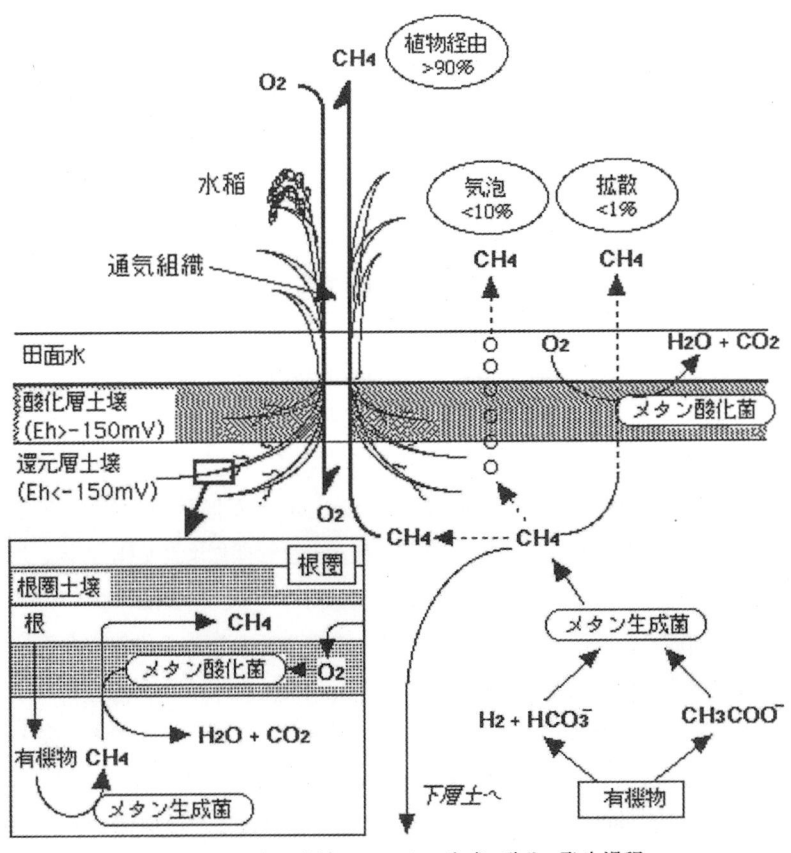

図3.5 水田土壌でのメタン生成・酸化・発生過程

のいずれかの経路で大気へと放出される.このうち,量的にもっとも重要なのは,水稲の通気組織を通って放出される経路である.一方,水田土壌中には CH_4 を酸化分解する別の一群の細菌(メタン酸化菌)が存在し,一部の CH_4 はこれにより消費される[9].

水田からの CH_4 発生にはいくつかの特徴的な変動パターンがみられる.一日のうちでは,フラックス(単位時間,単位面積あたりのガスの流束)は午後から夕方に高く,早朝に低いといった表層土壌の温度変動に伴う日変動が観察される.また,一日のフラックスの振幅は日毎に異なった大きさとなっている.このような CH_4 フラックスの日変動は表層土壌の温度変動と相関が高く,地温の日変動に伴う土壌中での CH_4 生成速度の変動が, CH_4 フラックスの日変動に直接反映することを示している.一方,水稲栽培期間の各ステージにおいても CH_4 発生は顕著な季節変動を示す.世界の各地で測定された CH_4 フラックスの季節変動パターンは様々であり,同一の土壌でも処理や測定年次により異なる.これは,地温以外のいくつかの要因がフラックスの季節変動に大きく関わっていることによると考えられる.そのなかでも,最も重要な要因は,新鮮有機物の分解と土壌の酸化還元電位(Eh)の変動であろう.前作の稲わらや雑草を土壌にすき込むことにより, CH_4 発生量は大きく増加する.図3.6はわが国の試験水田での計測結果である[10].また,水田の湛水に伴う土壌Ehの低下は, CH_4 生成菌の活動のための必須条件であり,土壌Ehの変動は土壌中の CH_4 生成量そのものを左右するものである.栽培中期および後期に見られるフラックスのピークは,土壌Ehが低下し温度が上昇した結果であることが多い.さらに,中干しなどの水管理により CH_4 フラックスの急激な減少が観察される.そのほかに,水稲バイオマスの増大が CH_4 フラックスの増加と相関を示すことが報告されており,有機物の供給や大気への輸送に関する水稲の役割が示唆されている.

1980年代以降,世界の各地で水田からの CH_4 発生の測定が行われ,発生量と気候や処理によるその変動が報告されている.これらの測定結果をまとめると,水稲栽培期間の1時間平均の CH_4 フラックスは多くの場合 $1 m^2$ あたり数~数10 mg,栽培期間全体の CH_4 発生量は $1 m^2$ あたり1~100 gの範囲にあ

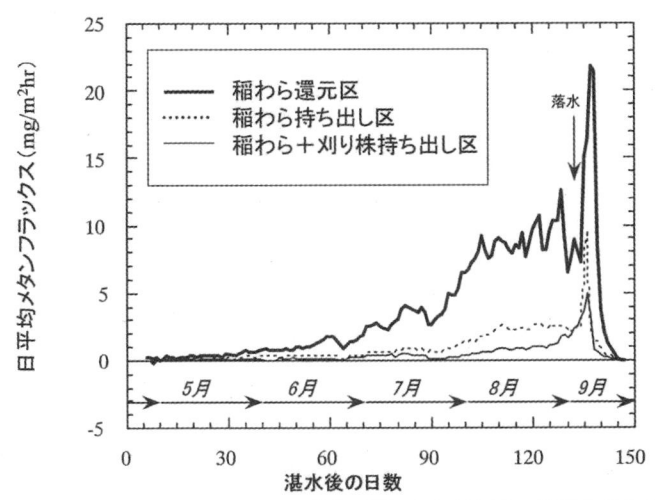

図 3.6 水田からのメタンフラックスの変化（稲わらと刈り株の管理を変えた場合の比較）

り，測定地点や処理により CH_4 発生量は大きく異なる．特に，有機物を多く施用した場合，大きな CH_4 発生が観察されている．世界各地の水田における CH_4 発生量の変動は，温度や降雨などの気候条件，土壌の理化学性，有機物や水管理などの耕作管理方法の違いなど，様々な要因の寄与が明らかにされている[11]．

全球における水田からの CH_4 発生量は年間20～100 Tgと推定され，人為起源発生量の5～30％程度に相当すると考えられている[4]．水田からの CH_4 発生について，現在では，アジアを中心に世界の100を越える地点での計測結果が報告されている．これらの結果を取りまとめ，世界各国の温室効果ガス排出量を算定するための基準方法をまとめた2006年IPCCガイドライン[12]において，水田からの CH_4 発生に関する基準発生量（$130 \text{ mg m}^{-2} \text{ day}^{-1}$）と水管理や有機物施用による発生量拡大係数が求められている．そのうち，有機物施用に伴う CH_4 発生量の増加比率を図3.7に示す．有機物施用による CH_4 発生量の増加は，有機物の量とともに，種類により異なることが明らかである．

わが国においては，1992～1994年にかけて行われた，農耕地からの温室効

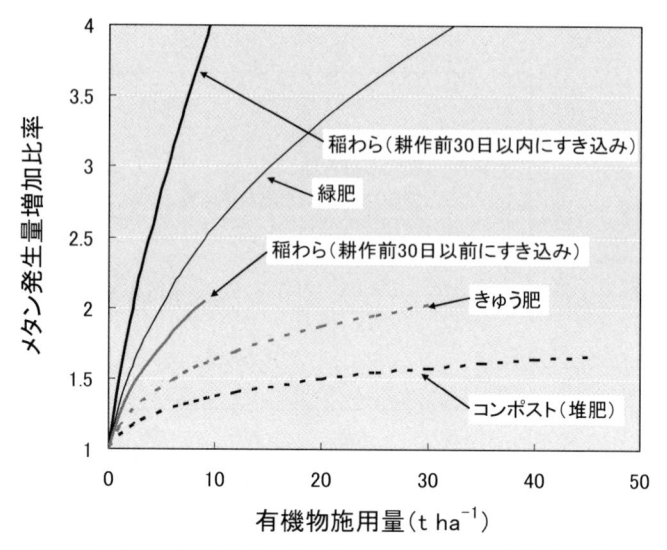

図3.7 各種有機物施用に伴う水田からのメタン発生量の増加

果ガス発生に関する全国的なモニタリングデータをもとに発生量評価が行われた[13]. この全国調査の結果は，水稲一作あたりのCH_4フラックスの平均値は，稲わらを秋に土壌還元した処理区で$19.0 \pm 12.5 \mathrm{~g~m^{-2}}$であったことを報告している．さらに，このデータを土壌タイプごとに集計し，有機物無施用や堆肥などの有機物施用実態とそれによる発生量の変化を考慮すると，わが国の水田からの年間CH_4発生量は330 Gg（33万トン）と推定される[9].

水田からのCH_4発生抑制方策として，中干しや間断潅漑による水管理，稲わらの堆肥化や非湛水期間での分解を促進する有機物管理，肥料または資材の使用，土壌改良など，候補となる技術が数多く提案され，その多くは効果が実証されている．これらのうち，水管理と有機物管理は早期の実用化が期待できる技術である．

福島県農業総合センターにおいて行われた試験では，中干し期間を慣行（2週間）より1週間開始を早くして延長することにより，水稲収量に影響を与えず，CH_4発生量を26〜51％削減することができた．中干し期間を2週間延長した場合は，CH_4発生量をさらに削減（53〜72％）できたが，水稲収量は約10％程度減少した（図3.8）[14]．また，新潟県農業総合研究所における試験か

ら，基盤整備による土壌浸透能改善でもCH_4発生を大幅に削減できることが示されている[15]．このような中干しや間断潅水を行う水管理方法は，還元障害による水稲の根の活性を防ぎ収量を増加させるために，わが国の水稲耕作では一般的に行われている方法である．福島県と新潟県での試験結果は，わが国の多くの水田で行われているような水管理技術が，水稲の生育を調整するだけでなく，CH_4発生を抑えるためにも極めて有効であることを示している．

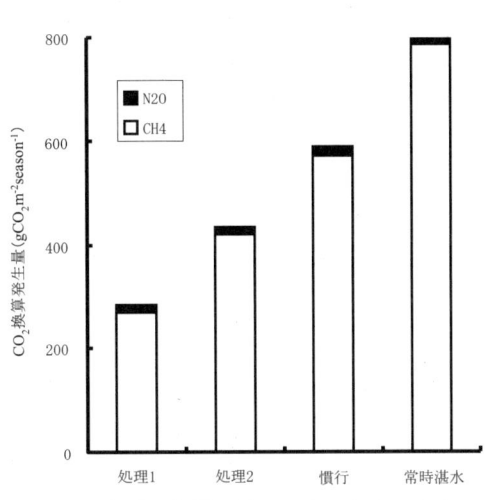

図3.8 中干し期間の違いが水田からのメタンと亜酸化窒素の発生量に及ぼす影響[14]．処理1：中干し4週間；処理2：中干し3週間；慣行：中干し2週間

このような水管理技術は他のアジア諸国でも適用できる可能性がある．わが国と異なり，多くの熱帯アジア諸国では，水田における潅漑排水設備の設置割合は小さく，雨水に依存している水田も多い．しかし，ある程度の潅漑排水設備が設置されている水田では水管理技術の適用が期待される．このような水田では，わが国で一般的な中干し・間断潅水の技術は導入されていないため，この技術を適用した場合，大きなCH_4発生削減効果とともに，水稲の生産性を改善できる余地があると考えられる．このような水管理技術の適用可能性について，インドネシアにおいて，京都議定書のクリーン開発メカニズム（CDM）導入を前提としたモデル事業の検討が進められている[16]．そこでは，水利組合による潅漑ブロックごとに，潅漑水道入部にコンクリート製の小規模ゲート（$30 \times 50 \times 15$ cm程度）を設置して水管理を行うことが想定されており，財務分析の結果，小規模CDMプロジェクトとしての実行可能性が示されている．

稲わら管理技術については，図3.7に示された有機物施用とCH_4発生量の関

係から，CH_4 発生を抑える方策が提案できる．すなわち，まず，現在，稲わらの春すき込みを行っている水田では，秋の収穫後，できるだけ速やかに耕起を行い，稲わらをすき込みことが推奨される．福島県での試験結果は，収穫時に稲わらをすべて水田に残しても，土壌にすき込んだりさらに少量の窒素肥料を施用し分解を促進させるなど水稲収穫後の適切な管理により，水稲地上部をすべて持ち出した場合と同レベルまで翌年の CH_4 発生量を低下させることが可能であることを実証している[17]．さらに効果的なのは，稲わらを一度持ち出し，堆肥化して水田に還元することである．多くの水田での実測結果からも，完熟した堆肥の施用による CH_4 発生量は少ないことが明らかになっている．

3）施肥窒素からの N_2O 発生

作物生産に必要な化学肥料や有機物として農耕地に施用された窒素は，土壌中で微生物による形態変化を受け，NH_4-N から NO_3-N へ（硝化），NO_3-N から N_2 へ（脱窒）と変換される．N_2O は土壌中での硝化および脱窒の両方の過程で副生成物として生成され，大気へ放出される．硝化および脱窒は，ともに，主としてそれぞれの反応に特異的に関与する微生物により進められる[18]．同じガス態の窒素酸化物であり，光化学スモッグや酸性雨の原因物質である一酸化窒素（NO）も同様にこれらの過程での副生成物として生成される[19]．これらのガスの生成プロセスは，図3.9で示されるような「穴あきパイプモデル（hole-in-the-pipe model）」により概念的に表すことができる[20]．

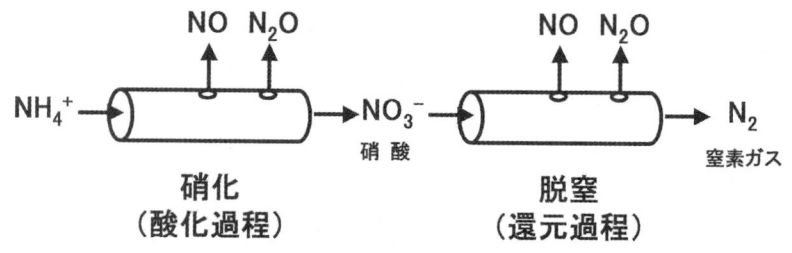

図3.9　微生物（硝化細菌，脱窒細菌）による一酸化窒素（NO）と一酸化二窒素（N_2O）の生成の「穴あきパイプモデル（hole-in-the-pipe model）」[20]

すなわち，硝化・脱窒のそれぞれの過程で変換される窒素の一部がパイプの穴から漏れ N_2O や NO になるが，これらの微量ガスの生成割合はパイプの穴の大きさなど，様々な要因によって制御される．

　畑地や草地などの農耕地土壌では，窒素施肥に伴った特徴的な N_2O 発生パターンを示す[21]．図3.10は，茨城県つくば市の淡色黒ボク土圃場にて6月から10月までニンジンを栽培しながら調査を行った結果であるが，N_2O フラックスは基肥施肥の直後にピークを示している[22]．土壌の無機態窒素のデータは，この時期に活発な硝化が進んでいたことを示し，硝化過程による N_2O の

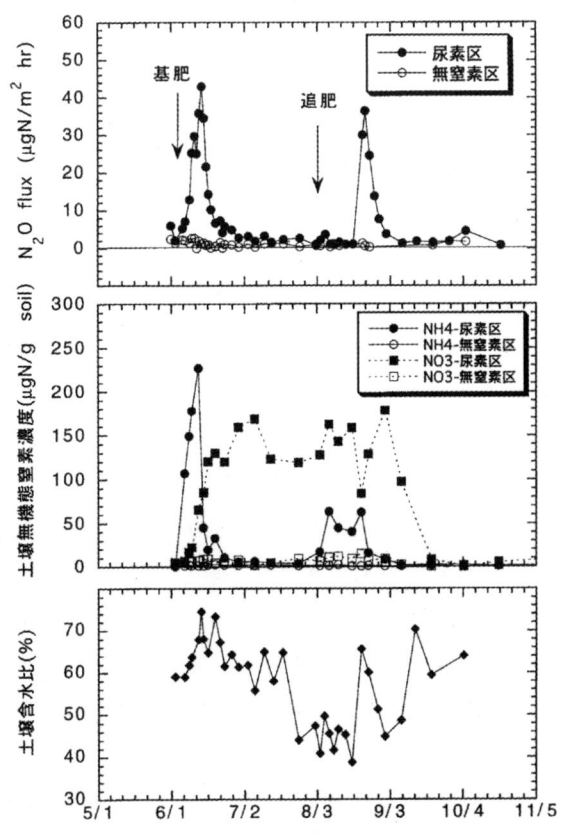

図3.10　ニンジン畑からの亜酸化窒素発生量，土壌無機態窒素濃度，および土壌含水比の変動[22]

生成と発生を示唆している．一方，8月はじめの追肥後，N_2O フラックスはごくわずかしか増加していない．この時期は降雨がほとんどなく，土壌が極めて乾燥した状態にあったことが N_2O 発生を抑制したと考えられる．しかし，8月中旬の降雨により土壌水分含量が高まると，栽培初期と同程度の大きな N_2O フラックスピークが現れて，ここでも活発な硝化が進んでいたことが示唆されている．ここで示されるように，畑地からの N_2O 発生には窒素施肥に伴う土壌中の無機態窒素濃度の増加とそれらの変換速度が決定的な制御要因となっている．これに加えて，土壌の水分や温度による反応の制御も極めて重要な要因である．一方，土壌や気候条件によっては，脱窒過程からの N_2O 発生が重要である場合がある．この場合には，施肥による対応ではなく，土壌中の硝酸態窒素の蓄積と降雨や雪解けなど土壌水分量の変化に伴って脱窒活性が高まり，その結果，N_2O ピークが現れる場合が多い．水田における湛水期間中の N_2O 発生は無視できる程度のものであるが，収穫前の落水処理後とその後の非湛水期間にはある程度の N_2O 発生が見られる[11]．

農耕地土壌から直接大気へ発生する以外に，施肥窒素由来の N_2O 発生プロセスとして，農業地帯の地下水や河川水からの脱ガスによる N_2O の間接発生が指摘されている[19]．このプロセスにおける N_2O の生成過程や発生量については，十分明らかにはされていないが，その地球規模の発生量は土壌からの直接発生量に匹敵する可能性が指摘され，重要な未解明の発生源とされている．

農耕地からの N_2O 発生量は，一般に，施用した窒素量に伴って増加するので，施用窒素量に対する N_2O-N 発生量の割合である排出係数が発生量の見積りに用いられる．2006年 IPCC ガイドライン[12]では，標準的な排出係数（デフォルト値）として，1.0％が提案されている．しかし，わが国における観測データからは，多くの場合，発生係数はこの値より低いが，茶園土壌等の一部の例では極めて高い発生が見られることが報告されている．これらをまとめて，それぞれの N_2O 発生プロセスについてわが国独自の排出係数が求められている（表3.1）[23]．これらの研究結果から，わが国の農耕地からは窒素換算で年間4,420トンの N_2O 発生が見積られている．

農耕地土壌から発生する N_2O を制御するためには，まず施肥窒素量を削減

表3.1 わが国の農耕地土壌からの亜酸化窒素排出係数[25]

排出源区分*	作物種	排出係数 (kg N_2O-N kg N^{-1})	不確実性 (kg N_2O-N kg N^{-1})	出典・根拠
合成肥料および有機質肥料	水稲	0.31%	±0.31%	文献1, 2
	茶	2.90%	±1.8%	
	その他の作物	0.62%	±0.48%	
作物残渣		1.25%	0.25%-6%	IPCCデフォルト値
間接排出(大気沈降)		1.00%	±0.5%	IPCCデフォルト値
間接排出(溶脱・流出)		1.24%	0.6%-2.5%	文献1, 3

*有機質土壌の耕起については,IPCCデフォルト値(排出係数:8 kg N_2O-N ha^{-1} yr^{-1};不確実性:1-80 kg N_2O-N ha^{-1} yr^{-1})の使用を提案した.
文献1: Akiyama, H., Yan, X., and Yagi, K.: Soil Sci. Plant Nutr., 52, 774 (2006)
文献2: Akiyama, H., Yagi, K., and Yan, X.: Global Biogeochem Cycles., 18, GB2012 (2005)
文献3: Sawamoto, T., Nakajima, Y., Kasuya, M., Tsuruta, H. and Yagi, K.: Geophys. Res. Let., 32, L03403 (2005)

するなど,土壌中のアンモニウム態および硝酸態窒素プールをできるだけ小さくし,硝化や脱窒により変換される無機態窒素量を少なくすることが考えられる.しかし,このことは同時に作物が吸収できる窒素量を制限することになる.したがって,より現実的には,作物による無機態窒素吸収効率を高め,無駄に環境中へ放出される窒素の流れを制御することである.このことはN_2OやNOなどのガス発生だけでなく,施肥窒素由来の別の重要な環境問題である地下水の硝酸汚染軽減にもつながるものである.

作物による施肥窒素の吸収効率を高め,環境への窒素の流出を少なくするためには,作物が必要なときに必要なだけ窒素を施用する必要がある.そのための技術としては,最適な窒素施肥量と分施・局所施肥,適切な有機物施用など施用方法の改善設計が基礎となる.また,一般に,窒素肥料投入量の増加に対して,作物収量はあるところまでは直線的に増加するが,一定量以上では頭打ちになる一方,環境負荷はどこまでも増加を続ける.作物の収量や品質と,窒素肥料の投入量との関係を作物や土壌タイプごとに検討し,土壌の環境容量を超えず,かつ高い収量が維持されるような食糧生産と環境保全とを調和させるための適正な窒素肥料投入量を示し,広く普及させる努力も必要であろう.さらに,土壌微生物による土壌中無機態窒素の固定化を促進するために,有機物施用を促進することも効果的であろう.

別の方策として，肥料の種類を選択することによるN₂O発生の制御も可能であろう．N₂O発生率は窒素肥料の形態により異なるが，N₂O発生率の高い無水アンモニアの使用や硝酸態窒素を水分含量の高い土壌に施用することを避け，発生率の低い形態の肥料を使用することが勧められる．緩効性肥料や硝化抑制剤・ウレアーゼ阻害剤など，新しいタイプの肥料の使用がN₂O発生抑制に効果のあることが報告されている[21]．様々な被覆型，あるいは化学結合型緩効性肥料は，無機態窒素の土壌中への放出を制御し，作物による窒素吸収効率を高めるものである．その結果，窒素のロスを減少させN₂O発生や硝酸の溶脱を軽減することが期待される．これらの技術を用いて，土壌の環境容量を超えずに高い収量を維持するための窒素施肥体系を地域ごとに示し，広く普及させる努力が，食糧生産と環境保全の調和のために必要である．

4）畜産からのCH₄およびN₂O発生

反すう家畜からのCH₄発生と畜産廃棄物（ふん尿）からのCH₄およびN₂O発生も農業からの重要な温室効果ガス発生源である．全球における反すう家畜からのCH₄発生量は年間80～90 Tgと推定され，人為起源発生量の約25％に相当し，最大のCH₄発生源であると考えられている．一方，畜産廃棄物からの発生量見積もりには不確実性が大きいが，CH₄とN₂Oの両者について重要な発生源であることには間違いはない．これらの発生は，いずれも水田や施肥土壌と同様，微生物活動によるものであり，生成メカニズムも同一である．

牛，山羊，綿羊など反すう動物の第一胃（ルーメン）内では，飼料炭水化物から常にCH₄が生成されるが，その量は通常では摂取エネルギーの2～12％に相当する．CH₄の発生は家畜のエネルギー損失になるため，飼料の利用効率を高める観点からもその抑制策が研究されている[24]．ただし，CH₄生成にはルーメン内微生物の増殖に有害な代謝性水素の除去機能もあることから，適切な制御が求められる．わが国における，2006年度におけるこのカテゴリーからのCH₄発生量は306 Gg（30.6万トン）であり，わが国の総CH₄排出量の約30％を占める最大の排出源となっている[25]．この算定において，反すう家畜を対象とした呼吸試験の結果，そのCH₄発生量は乾物摂取量を説明変

数とする式により算定できることが明らかにされており，牛については次式が用いられている[26]．

$$Y = -17.766 + 42.793 \times -0.849X2$$

ここで，YはCH_4発生量（L/日/頭），Xは乾物摂取量（kg/日/頭）を表す．しかし，より詳細にCH_4発生量と乾物摂取量の関係を調べると，家畜種，年齢，飼料の組成（濃厚飼料と粗飼料の比率等）により変動することが明らかにされている[24]．

これらの知見をふまえて，家畜生産性の改善とCH_4発生抑制を両立させる方策として，まず，給与飼料によるものが提案されている[27]．粗飼料に多く含まれる繊維質を分解する菌の多くは，その過程でCH_4生成の基質となる水素を生成するのに対し，濃厚飼料のデンプン質の分解では水素の生成が少ない．そこで，濃厚飼料の給与割合を増加したり，給与粗飼料の刈り取り時期を早期化したりする方策が考えられる．また，発展途上国でも適用可能なより実用的な技術として，米ぬかやビール粕などの食品製造副産物の添加の有効性が確認されている．さらに，CH_4発生に影響を及ぼすルーメン内原生動物や微生物活性を制御する薬剤（硫酸銅，イオノフォア，抗生物質，不飽和脂肪酸等）投与の効果が認められている．

畜産廃棄物，すなわち家畜ふん尿は，有機物と窒素が多量に含まれるため，その処理過程における活発な微生物活性により，CH_4とN_2Oの極めて大きな発生源となる．わが国全体では，年間8,844万トンの家畜ふん尿が排泄されており（表3.2）[28]，これを起源とする温室効果ガス発生量は，2006年度で，CH_4が年間109 Gg（10.9万トン），N_2Oは窒素換算で年間10 Gg（1.0万トン）と見積もられている[25]．

畜産廃棄物からの温室効果ガス発生量はその処理方法により大きく異なることが明らかにされている．例えば，乳牛ふんでのCH_4発生係数（有機物中の炭素あたりの発生割合）は汚水浄化処理では0.019％と低いのに対し，堆積堆肥処理では3.8％，貯留では3.9％と約200倍も高い．N_2O発生係数（有機物中の窒素あたりの発生割合）は貯留では0.1％，強制通気型堆肥化では0.25％と低いのに対し，堆積堆肥処理では2.4％，汚水浄化処理では5.0％である[29]．

表3.2　わが国の主要家畜飼養頭数と年間ふん尿排泄量（平成18年度）[28]

畜種	飼養頭羽数 (×千頭・羽)	排泄物量（千トン）			有機物・窒素排泄量（千トン）	
		ふん	尿	合計	有機物（OM）	窒素（N）
乳用牛	1,683	21,206	6,261	27,467	3,424	135
肉用牛	2,805	18,990	6,872	25,862	3,453	131
豚	9,724	7,857	14,586	22,443	1,644	152
採卵鶏	174,550	7,698		7,698	1,155	154
ブロイラー	104,950	4,975		4,975	746	100
合計		60,726	27,719	88,445	10,422	672

これらの知見から，畜産廃棄物からのCH_4とN_2O発生抑制のために，より発生係数の小さい処理方法を選択することが考えられる．ただし，還元的な条件で生成されるCH_4と，より酸化的な条件で生成されるN_2Oのトレードオフが生じるため，対策は複雑である．

畜産廃棄物からの温室効果ガス発生量を抑制する別の方策として，飼料の利用効率を改善し，家畜頭数あたり，あるいは生産物あたりのふん尿量を削減することが検討されている．ベトナムにおける豚の試験から，米ぬか主体飼料において，不足する必須アミノ酸（リジン，トレオニン，メチオニン，バリンなど）を添加することで窒素の利用性を改善し，ふん尿中への窒素排泄量を17％削減できることが確認されている．その際の豚の増体量は標準飼料とほぼ同等であったことから，生産性を低下させずに窒素排泄量を削減し，その結果N_2O発生量の削減に結びつけられると考えられる．この場合，添加する必須アミノ酸のコストは米ぬか主体飼料の給与量を削減するコストよりも安価で，コスト的にも有利な技術であることが示されている[30]．

4．農業生態系からの温室効果ガス発生量削減の可能性

以上示すように，農業生態系では様々な発生源から，CO_2，CH_4，N_2Oの3つの重要な温室効果ガスが発生している．それらの地域的，あるいは全球的発生量について，農業生態系の多様性に起因する定量評価の不確実性を改善する余地はあるものの，地球温暖化に対する影響の大きいことは明らかであ

4. 農業生態系からの温室効果ガス発生量削減の可能性　　（61）

る．さらに，農耕地と畜産からの発生抑制技術の候補は多数提案され，農耕地における水管理（水田），有機物管理，施肥管理，畜産における飼養管理，ふん尿処理など，多くの技術について，現地試験等から大きな削減効果が確認されている．表3.2に，わが国で研究の進んでいる削減策のポテンシャルについて示すが，アジア地域での削減が進んだ場合には大きなポテンシャルが見込まれる．同時に，コスト的にも有利なものが多い．また，表3.3に水管理による水田からのCH_4削減（日本とインドネシア）と硝化抑制剤入り資材による化学肥料からのN_2O削減（中国）に関するケーススタディの結果を示すが，いずれの場合も炭素1トンあたり数千円以下のコストと評価されている[30]．

しかし，これらの技術が温室効果ガス排出削減のために実際の農業の場面で適用された事例は，現時点では極めて少ない．京都議定書において，農耕地を炭素吸収源として選択した国はカナダ等4か国のみである．また，CH_4とN_2Oの削減については，計画している国はあるものの，実際の適用例はまだ無いと思われる．

農業生態系からの温室効果ガス発生量削減技術が，未だ実用化段階に移されていない原因のひとつには，発生削減に伴う経済性評価が不足していることが挙げられる．多くが家族経営である農業では，コストと労力を考慮に入れ，トータルの収益と労働性が改善される技術でなければ普及の見込みは極

表3.3　農業セクターにおける温室効果ガス発生削減策評価[30]

対象ソース	水田からのCH_4		化学肥料からのN_2O	反芻家畜からのCH_4	畜産廃棄物からのN_2O	
削減技術	水管理	有機物管理	緩効性肥料	飼養改善	ふん尿処理	飼養改善
対象面積等	アジアの灌漑水田	アジアの水田	アジアの化学肥料	アジアの反芻家畜	日本の畜産業	東南アジアの養豚
削減率	35〜61％	16〜30％	30〜40％	10〜15％	20％	17％
削減ポテンシャル	日本：0.6 アジア：27.3	日本：0.5 アジア：12.8	日本：0.9 アジア：2.0	アジア：90	日本：0.2	東南アジア：4.1
リーケージ	N_2O発生 世界：2.7	無	無	無	NH_3発生	無
コスト	少〜中 （インフラ整備）	少 （管理コスト）	少 （肥料コスト）	少 （飼料コスト）	少 （設備コスト）	少 （飼料コスト）

●わが国のGHG年間排出量：360 Mt C
●京都議定書の6％削減量：22 Mt C

表3.4 農業セクターにおける温室効果ガス発生削減策評価：農耕地での技術に関するケーススタディ[30]

対象ソース	水田からのCH_4			畑・草地からのN_2O	
	有機物管理	水管理		緩効性肥料	
削減技術	稲わらの春すき込みを堆肥に代替	中干し期間の1週間延長等	コンクリート水門設置による中干し	硝化抑制剤資材の添加	被覆肥料の深層施肥
対象面積	山形県の水田 57,360 ha	日本全国の慣行水管理水田 1,730,000 ha	インドネシアの対象水田 13,000 ha	中国遼寧省トウモロコシ畑 1,900,000 ha	わが国のキャベツ等栽培 65,000 ha
削減率	30〜50 %	39 %	40 %	40 %	24 %
削減ポテンシャル (103tC/yr)	94	630	14	800	0.55
リーケージ (103tC/yr)	0	60	1	0	ND
	67,000	0	66	3,000	5,900
コスト (円/tC)	稲わら回収と堆肥使用価格 (110,000円/ha)	潅既水代金は年間契約のため増減無し．労働力の増加も無し	コンクリート水門設置費用 (6,200円/30 ha)，および水管理の労働力 (1,600円/30 ha/yr)	資材代金 (390円/ha) 必要だが，追肥を省けることにより，労働力 (300円/ha) 節約	肥料コスト (48,000円/ha)，燃料コスト (3,580円/ha)，労働コスト (-1,120円/ha)

めて小さい．そのために，個々の技術について，各地域で経済性評価を細かに行い，農家が受け入れられる可能性を提示することが必要である．加えて，そのような技術を推進するための政策的支援が必要になる．

　また，農耕地や家畜そのものに対する発生削減技術の評価は行われているものの，農業生態系や地域全体での評価が十分ではないことも今後の課題である．この問題に対し，技術のための新たなエネルギー投入や資材または飼料の生産と使用などを含めた，システム全体の収支を取り扱うライフサイクルアセスメント（LCA）手法の導入が求められている．例えば，畜産廃棄物自体はCH_4とN_2Oの極めて大きな発生源であり，その処理と利用の様々な場面で温室効果ガス発生の可能性がある．一方，これを農地に還元した場合には土壌有機物量を増加し，炭素固定の働きがある．さらに，家畜飼料栽培に起因する温室効果ガスの発生・吸収量も考慮する必要がある．したがって，地域

4. 農業生態系からの温室効果ガス発生量削減の可能性　（63）

全体の農業生産にかかわる温室効果ガス発生量評価には，このような畜産農家と耕種農家の連携を包括的に評価し，最も温室効果ガス発生の少なく，かつ他の環境負荷を増加させず，生産性や農家の経済性も満たすような最適な解を求める必要がある．近年，生産が進んでいるバイオ燃料についても，その化石燃料削減効果と燃料作物栽培に伴う温室効果ガス発生増加の可能性を合わせて評価すべきである．

　もうひとつの問題は，先進国での農業分野からの温室効果ガス排出割合は比較的低く，その削減ポテンシャルの多くは発展途上国にあることである．わが国の温室効果ガス排出インベントリーに占める農業分野の割合は2％にすぎない．一方，同じ水田耕作を基礎とする農業体系を持つ熱帯アジアでは，インドで28％，タイで35％など，農業分野の占める割合が極めて大きい（図3.11）．特に広大な農耕地をもち，家畜頭数の多大な国では，農業技術の適用による排出削減策は大きな貢献が可能である．このような国においては，その適用について，持続的開発政策と一致させることにより，削減の可能性をいっそう前進させると予測される．京都議定書において設定されているクリーン開発メカニズム（CDM）は，新たな開発援助のツールとして活用でき

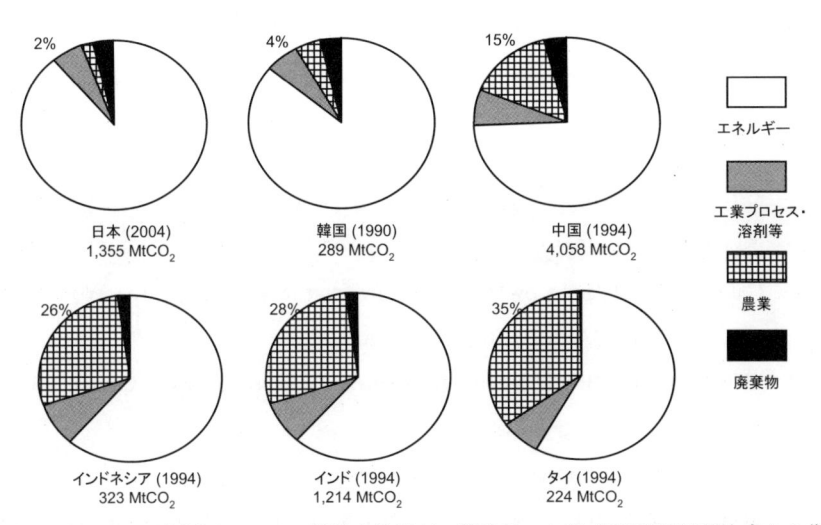

図 3.11　アジア各国のセクター別温室効果ガス排出量の内訳（UNFCCC報告書より作図）

る可能性がある.

　IPCC AR4[43]には，農業分野における温室効果ガス排出削減策は，エネルギー，運輸，森林など非農業分野のものとコスト的に競合できることが明示されている．また，その利点として，長期間の効果が期待でき，全体として大きな貢献が可能であることが挙げられている．同時に，農業分野における温室効果ガス排出削減策には世界共通のものはなく，それぞれの方法を個々の農業システムや状況において検討する必要があることも指摘されている．今後，地球温暖化緩和に貢献するため，各地域の各農業システムにおいて，適切な排出削減策を構築することが求められる．

　このように，農業分野に対する温室効果ガス排出削減の期待は大きいと言える．一方で，研究と技術の開発，実際の農業の現場への適用と普及に関する課題は多く残されている．しかし，農業分野における新たな技術開発は，有望な温室効果ガス排出削減策であると同時に，今後の農業のかたちとして求められているわが国や他の先進国における環境保全型農業，あるいは発展途上国における農業と生態系の持続的開発の方向とも一致する．地球温暖化問題への対策を迫られている現在こそ，適切な土地利用を可能にする国際交渉の推進や，環境と調和した将来のあるべき農業の姿を構築するための大きなチャンスが訪れたのかも知れない．

引用文献

1) GCPつくば国際オフィス監訳：グローバルカーボンプロジェクト，科学的枠組みと研究実施計画 (2006)
2) Galloway, J. N. and Cowling, E. B.: Reactive Nitrogen and The World: 200 Years of Change, AMBIO, 31, 64-71 (2002)
3) IPCC (2007): IPCC Fourth Assessment Report: Climate Change 2007, Cambridge University Press
   http://www.ipcc.ch/ipccreports/assessments-reports.htm
4) IPCC (1995): IPCC Second Assessment Report: Climate Change 1995, Cambridge University Press

5) 木村眞人・波多野隆介 編：土壌圏と地球温暖化，名古屋大学出版会，245（2005）
6) 草場　敬：有機物施用を中心とした土壌管理による土壌への炭素蓄積，平成13年度温室効果ガス排出削減定量化法調査報告書，（財）農業技術協会，62-69（2002）
7) 白戸康人：農耕地における土壌有機物動態のモデリング，波多野隆介・犬伏和之 編，続・環境負荷を予測する，博友社，243-262（2005）
8) Kimble, J. M. et al. (Edited) : Soil carbon management, CRC Press, 268 (2007)
9) 八木一行：大気メタンの動態と水田からのメタン発生，農業環境研究叢書第15号「農業生態系における炭素と窒素の循環」，農業環境技術研究所 23-50,（2004）
10) Fumoto, T., Kobayashi, K., Li, C., Yagi, K. and Hasegawa, T.: Revising a process-based biogeochemistry model DNDC to simulate methane emission from rice paddy fields under various residue managements. Global Change Biol., 14, 382-402 (2008)
11) Yan, X., Yagi, K., Akiyama, H. and Akimoto, H.: Statistical analysis of the major variables controlling methane emission from rice fields. Global Change Biol., 11, 1131-1141 (2005)
12) IPCC (2006): IPCC Guidelines for National Greenhouse Gas Inventories http://www.ipcc-nggip.iges.or.jp/public/2006gl/index.html
13) 財団法人日本土壌協会：土壌生成温室効果等ガス動態調査報告書（概要編）(1996)
14) 齋藤　隆・中山秀貴・横井直人：中干し期間の長期落水処理によるメタン発生の低減，東北農業研究成果情報，300-301（2004）
15) Shiratori, Y., Watanabe, H., Furukawa, Y., Tsuruta, H. and Inubushi, K.: Effectiveness of a subsurface drainage system in poorly-drained paddy fields on reduction of methane emission, Soil Sci. Plant Nutr., in press (2008)
16) Muramatsu, Y. and Inubushi, K.: Resource management options and design of carbon projects for mitigation of methane emission from paddy field in Indonesia, 開発学研究 (J. Agric. Dev. Stud.)，印刷中
17) 三浦吉則：水田からのメタンの発生をおさえる有機物管理技術，石灰窒素だより，130, 19-23 (1995)
18) 楊　宗興：亜酸化窒素，陽捷行編著：土壌圏と大気圏，朝倉書店 85-105 (1994)

19) 鶴田治雄：地球温暖化ガスの土壌生態系との関わり，3. 人間活動による窒素化合物の排出と亜酸化窒素の発生，土肥誌，71, 554-564 (2000)
20) Firestone, M. K. and Davidson, E. A.: In Exchange of trace gases between terrestrial ecosystem and the atmosphere, John Wiley & Sons Ltd., 7-21 (1989)
21) 秋山博子：黒ボク土畑からの N_2O，NO および NO_2 のフラックスのモニタリングと発生削減，波多野隆介・犬伏和之編，続・環境負荷を予測する，博友社，187-204 (2005)
22) 鶴田治雄・八木一行・広瀬竜郎・荒谷博：尿素と緩効性窒素肥料を施用した畑土壌における NO と N_2O のフラックス測定，農業環境技術研究所資源・生態管理科研究集録，11, 49-58 (1995)
23) Akiyama, H., Yan, X. and Yagi, K.: Estimations of emission factors for fertilizer-induced direct N_2O emissions from agricultural soils in Japan, summary of available data, Soil Sci, Plant Nutr., 52, 774-787 (2006)
24) 社団法人畜産技術協会：畜産における温室効果ガスの発生制御（総集編）(2002) http://jlta.lin.go.jp/kokunai/houkoku_jigyo/h13_op01.html
25) 独立行政法人国立環境研究所地球環境研究センター温室効果ガスインベントリオフィス：日本国温室効果ガスインベントリ報告書 (2008)
26) Shibata, M., Terada, F. Kurihara, M., Nishida, M. and Iwasaki, K.: Estimation of methane production in ruminants, Anim. Sci. Technol., 64, 790-796 (1993)
27) 栗原光規：反芻家畜からのメタン産生抑制，石井龍一ら編，環境保全型農業事典，丸善，850-852 (2005)
28) 長田　隆・永西　修：畜産からの温室効果ガスの排出抑制技術，第30回農業環境シンポジウム講演要旨，農業環境技術研究所 23-26 (2008)
29) Osada, T., Fukumoto, Y., Tamura, T., Shiraihi, M. and Ishibashi, M: Greenhouse gas generation from livestock waste composting, In A. van Amstel edited "Non-CO_2 Greenhouse Gases (NCGG-4)", Millpress, 105-111 (2005)
30) 平成19年度環境省地球環境研究総合推進費課題 S-2 テーマ 3a 報告書 (2008)

第4章
気候変動による感染症を中心とした健康影響

押谷 仁
東北大学大学院 医学系研究科微生物学分野教授

　気候変動に伴い起こりうる健康影響に関しては，関係する国際機関（WHO，WMO，UNEP）が Climate Change and Human Health‐Risk and Response[1] という文書を2003年に，さらに気候変動が感染症に与える可能性のある影響について WHO が Using Climate to Predict Infectious Disease Epidemics という文書を2005年に出している[2]．これらの文書に述べられているように，気候変動の健康に与える影響を正確に予測することは難しい．感染症の健康被害は衛生状態・栄養状態・宿主の免疫・病原体の病原性・感染経路などが複雑に絡み合って生じるものであり，気候変動のようにひとつのパラメータが変化したことによって，その影響がどのような形で現れるかを予測することは通常困難である．しかし一般的に考えられているほどに大きな健康被害が気候変動によって起こるわけではなく，気候変動の感染症等への影響については解明されていない部分も数多く残されている．

第4章　気候変動による感染症を中心とした健康影響

1. 気候変動によりどのような健康影響が予想されているのか

　Climate Change and Human Health - Risk and Response の中では気候変動の健康に与える影響について以下の図4.1のようにまとめている[1]．まず，熱波による被害や異常気象による被害など気候変動によって直接起こる健康影響が考えられる．次に気温・降水量の変化による環境の変化や感染経路の変化等により感染症の流行パターンが変わるなどの間接的被害が考えられる．また，気温・降水量の変化により農業への影響や水資源の枯渇，さらには社会経済に影響が起こることなどといった，より間接的な形で起きる健康被害も起こり得る．気候変動の健康影響といった場合，熱波などの直接被害や感染症の増加などが取り上げられることが多いが，実際の健康被害としては間接的なメカニズムによる影響の方が大きい可能性もある．

　気候変動の感染症に影響を与えるメカニズムとしてもいくつかのものが考えられる（図4.2）．すなわち①異常気象に伴う感染症の発生，②水や食物の

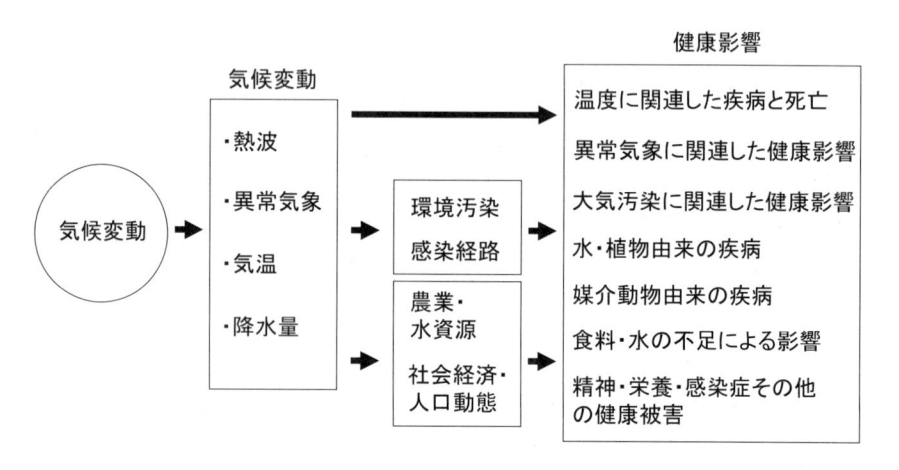

（Climate changes and human health – Risk and Responsesより一部改変）
図 4.1　気候変動が健康影響を起こすメカニズム

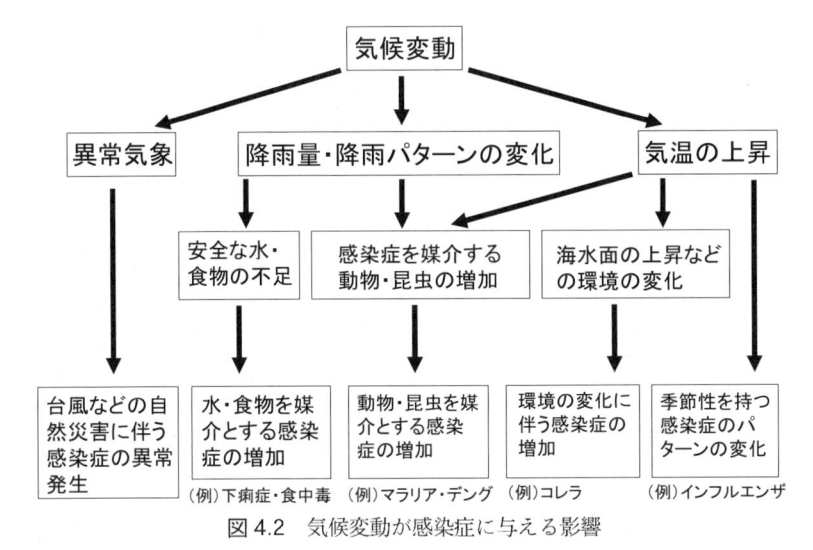

図4.2 気候変動が感染症に与える影響

（気候変動 → 異常気象／降雨量・降雨パターンの変化／気温の上昇）

- 異常気象 → 台風などの自然災害に伴う感染症の異常発生
- 安全な水・食物の不足 → 水・食物を媒介とする感染症の増加　（例）下痢症・食中毒
- 感染症を媒介する動物・昆虫の増加 → 動物・昆虫を媒介とする感染症の増加　（例）マラリア・デング
- 海水面の上昇などの環境の変化 → 環境の変化に伴う感染症の増加　（例）コレラ
- 気温の上昇 → 季節性を持つ感染症のパターンの変化　（例）インフルエンザ

不足に起因する水・食物由来の感染症の増加，③感染症を媒介する蚊などのベクターの増加・分布域の変化に伴う動物・昆虫を媒介とする感染症の増加，④海水面の上昇・海水の温度上昇などに伴う感染症の増加，⑤インフルエンザ等の季節性を持つ感染症の季節性の変化などが考えられている．

2．感染症の病態を決定する因子

これ以降，感染症を中心として気候変動の考えられる影響について考えていきたい．まず，感染症はどのような要因で発生するのであろうか．一般に感染症の疫学像，臨床像などの病態は3つの要因で決まる（図4.3）．すなわち，微生物そのものの病原性などの微生物側の因子，免疫や同時に存在する他の病気などの宿主の因子，環境因子の3つである．気候変動が感染症に対し与える影響は，これら3つの因子

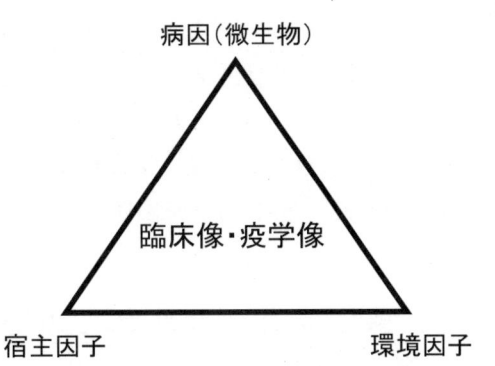

図4.3　感染症の病態を決定する3つの因子

（病因（微生物）／宿主因子／環境因子 → 臨床像・疫学像）

のうち環境因子の一部に過ぎないことになる．例えば，気候変動によって感染症を媒介する蚊などのベクターの棲息域が拡大しても，そのベクターが媒介する微生物（微生物側の因子）が存在しなければ，当然その感染症の拡大にはつながらない．また，仮にベクターの棲息を可能にするような環境と微生物が存在しても，その感染症に対し感受性のある人がいなければ感染症の流行は起きないことになる．例えば，日本脳炎について考えてみると，日本でもかつては多くの日本脳炎患者が出ていたが，現在では年間10例以下の患者しか発生していない．日本脳炎を媒介するコガタアカイエカは北海道をのぞく日本全国に広く分布しているし，日本脳炎ウイルスもブタの間ではかなり広く見られることがわかっている（国立感染症研究所：感染症流行予測調査 http://idsc.nih.go.jp/yosoku/index.html）．にもかかわらず患者の発生数が激減した背景には，養豚場が住宅地から遠く離れた場所に置かれるようになったこと，子供を中心として媒介蚊に刺される頻度が減ったこと，ワクチン接種が行われていることなど環境および宿主因子が複雑に絡み合っている．このように気候変動が起きてベクターの棲息域が広がっても，それが直ちに感染症の拡大につながるわけではないということになる．逆に，環境や宿主因子がそろったところに微生物が入り込めばいつでも大きな流行が起こる可能性がある．気候変動は徐々に進行していくものであるが，その影響を受ける感染症はある日突然大きな問題となって出現する危険性があるということになる．例えば，アメリカで近年大きな流行を繰り返しているウエストナイル熱は，それまでアメリカ大陸では全く確認されていなかったものが，1999年に突然アメリカに出現した．その後，感染地域は急速に拡大し，毎年のように数千人の患者と100人を超える死者が出ている．気候変動との関連はよくわかっていないが[3]，感染拡大のための環境の整ったところに微生物が入り込めば一気に感染が拡大する危険性があることをウエストナイル熱の例は示している．

3．感染症の気候変動との関連性

WHOのUsing Climate to Predict Infectious Disease Epidemicsのなかでは，

それぞれの感染症について気候変動との関連性についての評価を行っている[2]．その結果をまとめたものが表4.1である．ここでは個々の感染症について，気候変動が与える影響についてまとめていく．

1）コレラ

コレラは，コレラ菌（*Vibrio cholerae*）というビブリオ科に属する細菌による感染症であり，特に衛生状態の良くない途上国では下痢症の重要な原因のひとつである．もともとコレラ菌は，特に海水と淡水が混じり合うような場所で水中のプランクトンと共生している．海水の温度が上昇するとプランクトンの数が増え，それに伴ってコレラ菌が増える可能性が指摘されている[4]．コレラと気候の関連についてもっとも詳細に検討した研究としては，バングラデシュのベンガル湾で，衛星からのリモートセンシングの画像による海水面温とコレラ患者数の間の関係を長期間にわたって解析したものがある[5]．それによると，海水面の温度が高い時期と一致してコレラ患者が増え，また海水面の温度の高い年にもコレラ患者が多い傾向があることが示されている．またエルニーニョがコレラに影響を及ぼすとするデータも示されている[6,7]．しかし，長期的な気候変動が今後のコレラの動向にどのような影響を与えるかということについては，はっきりとわかっているわけではない．

2）ビブリオ・バルニフィカス

ビブリオ・バルニフィカスは，コレラ菌と同じビブリオ科の細菌であるビブリオ・バルニフィカス（*Vibrio vulnificus*）によって起きる感染症で，免疫不全患者や慢性肝疾患のある患者では全身感染を起こし，筋組織の壊死などをきたし致死率も高い．ビブリオ・バルニフィカスもコレラ菌と同様に海水中のプランクトンと共生しており，海水温が上昇しプランクトンが増えると人での感染頻度も増えるとされている．この感染症と気候との関連についてはイスラエルでの詳細な研究結果が報告されている[8]．イスラエルでは1996年に初めてビブリオ・バルニフィカスの流行が報告された．1996年の夏は過去40年間で最も気温が高かったことから，ビブリオ・バルニフィカスの流行につな

表 4.1 感染症とその分布地域、流行、気候感度

疾病	疾病負荷 (1000 DALYs)	伝播様式	分布	経年変動のエビデンス	気候と疾病流行との関連	現在の気候感度の強さ	気候と疾病流行の関連性の数値化
STDs (含 HIV)	95,805	性的接触	世界各地	*	報告なし	-	×
インフルエンザ	94,603	飛沫感染	世界各地	*****	冬季気温低下が流行に関与。人為的影響の方がより大きく関与	++	○
下痢症	61,968 (含 コレラ)	食中毒	世界各地	***	気温上昇、降雨量減少が流行に影響。衛生設備やヒトの活動は、より重要である。	++	×
コレラ	[下痢症 参照]	食中毒	アフリカ、アジア、ロシア連邦、南米	*****	El Nino と共に、海面および気温の上昇が流行に影響。衛生設備やヒトの活動は、より重要である。	+++++	○
小児疾患	41,480	接触感染	世界各地	****	報告なし	-	×
マラリア	46,486	蚊 (Anopheles)	熱帯・亜熱帯の100以上の国	*****	気温、降雨量は流行に影響する。ベクター、免疫、人口移動、薬剤耐性、環境変化など多様な要因が関与する。	+++++	○
結核	34,736	空気感染	世界各地	**	報告なし	-	×
髄膜炎菌性髄膜炎	6,192	空気感染	世界各地	****	気温上昇、湿度減少が流行に影響	+++	○
リンパ系フィラリア症	5,777	蚊 (Culex, Anopheles, Aedes, Mansonia)	アフリカ、インド、南米、南アジア、大洋州	-	気温、降雨量がベクターと疾病の分布に関与	++	×

3. 感染症の気候変動との関連性

表 4.1 感染症とその分布地域, 流行, 気候感度 (続き)

疾病	疾病負荷 (1000 DALYs)	伝播様式	分布	経年変動のエビデンス	気候と疾病流行との関連	現在の気候感度の強さ	気候と疾病流行の関連性の数値化
腸管線虫症	2,521	糞口感染	世界各地	−	気温上昇, 土壌湿度上昇により土壌の質の変化が疾病の伝播や分布に影響	+	×
リーシュマニア症	2,090	サンチョウバエ	アフリカ, 中央アジア, ヨーロッパ, インド, 南米	**	気温, 降雨量が流行に影響	+++	×
住血吸虫症	1,702	中間宿主貝を含む水系感染	アフリカ, 東アジア, 南米	*	気温上昇, 降雨量増加が伝播や地理分布に影響	+	×
アフリカトリパノソーマ症	1,525	ツェツェバエ (Glossina科)	サブサハラ・アフリカ	***	気温, 降雨量変化が流行に関与. 家畜密度や植生も要因となる.	++	×
トラコーマ症	2,329	接触感染, ハエ	アフリカ, アジア, 東ヨーロッパ, 南米	−	世界各地でハエ (特にMusca soebens) が伝播に関与	−	×
オンコセルカ症	484	ブユ	アフリカ, 南西アジア, 南米	*	気候はベクターの分布や咬症の頻度に影響	−	×
シャーガス病	667	サシガメ	中・南米	*	サシガメの数は高温, 乾燥, 植生に影響される	+	×
デング熱	616	蚊 (Aedes)	アフリカ, ヨーロッパ, 南米, 東南アジア, 西太平洋	****	高温多湿, 多雨が流行に影響	+++	○
日本脳炎	709	蚊 (Culex, Aedes)	東南アジア	***	高温多雨が流行開始に影響. 保育宿主の動物も需要な要因	+++	+++

第4章 気候変動による感染症を中心とした健康影響

表4.1 感染症とその分布地域、流行、気候感度（続き）

疾病	疾病負荷 (1000 DALYs)	伝播様式	分布	経年変動のエビデンス	気候と疾病流行との関連	現在の気候感度の強さ	気候と疾病流行の関連性の数値化
セントルイス脳炎	NA	蚊 (Culex, Aedes)	北・南米	**	高温多湿が流行開始に影響。保育宿主の動物も需要な要因	+++	○
リフトバレー熱	ND	蚊 (Culicine)	サブサハラ・アフリカ	***	多雨が流行開始に影響。寒冷な天気が流行の終息に関与。保育宿主の動物も重要	+++	○
ウエストナイル熱	ND	蚊 (Culicine)	アフリカ、中央アジア、南西アジア	***	高温多雨が流行開始に影響。気候以外の要素の方がより重要	++	×
ロスリバー熱	ND	蚊 (Culicine)	オーストラリア、大洋州	**	高温多雨が流行開始に影響。宿主免疫や保育宿主の動物も重要	+++	○
マレーバレー熱	ND	蚊 (Culex)	オーストラリア	**	多雨と低気圧が流行に影響	+++	×
ライム病	ND	マダニ	アジア、ヨーロッパ、北米	*	気温と植生がベクターと疾病分布に影響	+	×
黄熱病	ND	蚊 (Aedes, Haemogogus)	アフリカ、中南米	****	高温多雨が流行に影響。	++	×

*非常に弱い変動が見られる、**変動が少し見られる、***変動が普通に見られる、****強い変動が見られる、*****非常に強い変動が見られる
+気候との関連は非常に弱い、++気候はある程度関与している、+++気候は重要な役割を果たしている、++++気候は重要な要素である、+++++気候は、その流行や規模を決定する主要素として働いている。気候と疾病との関係が論文に報告されている。

がった可能性が考えられている．週ごとの患者発生と気温の変化をみても有意の相関関係があることがわかっている．特に1日の最低気温の値と患者発生がよく相関していることも見出された．海水面の温度が20℃を超えるとビブリオ・バルニフィカスの発生が見られるとされているが，日本においても，これまで温暖な九州を中心とした西日本でのみ患者が報告されていたが，近年，新潟県や青森県で初めての患者が報告されている．これは海水面の温度が上昇し，北日本でも流行が起きる環境ができつつあることを示唆しているものとして注目されている．

3）マラリア

マラリアは蚊が媒介する原虫疾患で，熱帯地域に広く分布しており，気候変動の感染症に与える影響について，最も多くの議論が交わされてきた感染症のひとつである．特にアフリカの高地でのマラリアの感染拡大と，気候変動の関連についての検討が様々な角度からなされてきている．東部や南部アフリカでは，昔からマラリア等の感染症を避けるために高地に都市が築かれてきたが，そのような高地の人口集積地にマラリアの感染地域が広がっていることが大きな問題になっている．これらの高地でのマラリア感染地域の拡大が気温の上昇と相関しており[9-11]，今後の温暖化の進展とともにさらにマラリアの問題が拡大するとする見方がある[12]．ところが同じ地域において，気温とマラリアとの関連を，気温以外の他のファクターともに検討した結果，気温とマラリアの間に有意な相関が認められなかったとする結果もあり[13,14]，この問題について専門家の間で一致した見方があるというわけではない．マラリアを含め多くの感染症は，先に述べたように様々な要因で罹患率，その他の疫学像が変化する．都市への人口集中，生活様式の変化，土地利用の変化などマラリアの疫学像に影響を与える可能性のある数多くの社会的要因もこの数十年で大きく変化しており，それらの要因をすべて取り除いて気候変動の影響だけを解析することは事実上不可能である．気温の上昇が顕著に見られる過去数十年の間にわたって拡大傾向にあるマラリアなどの感染症について，単純に気温との相関をみれば統計学的に有意な相関が得られることに

なる．しかし，他の要因を考慮しない限り気温との関連について正しい解析はできないことになる．マラリアをめぐる議論は気候変動と感染症の関連を正しく評価することがいかに難しいかということを示している．

4）デング熱およびチクングニア熱

デング熱も蚊によって媒介されるウイルス感染症であり，熱帯地域を中心として分布している．1960年代には東南アジアの数カ国を中心にして流行が起きていたものが，現在はアジアの熱帯地域全体に感染域が広がり，オーストラリア北部[15]や香港[16]，台湾[17]などでも新たに流行が見られるようになっている．アメリカ大陸においても，1980年代以降感染の急速な拡大が見られ，メキシコからブラジル南部に至るまで広く感染域が広がっている[18]（図4.4）．デング熱についてもその気候変動との関連が長年にわたり議論されてきている．蚊が媒介することから，一般的には気温や降水量が直接あるいは間接的にデングウイルス感染に影響を与えると考えられている[19]．しかし，デング

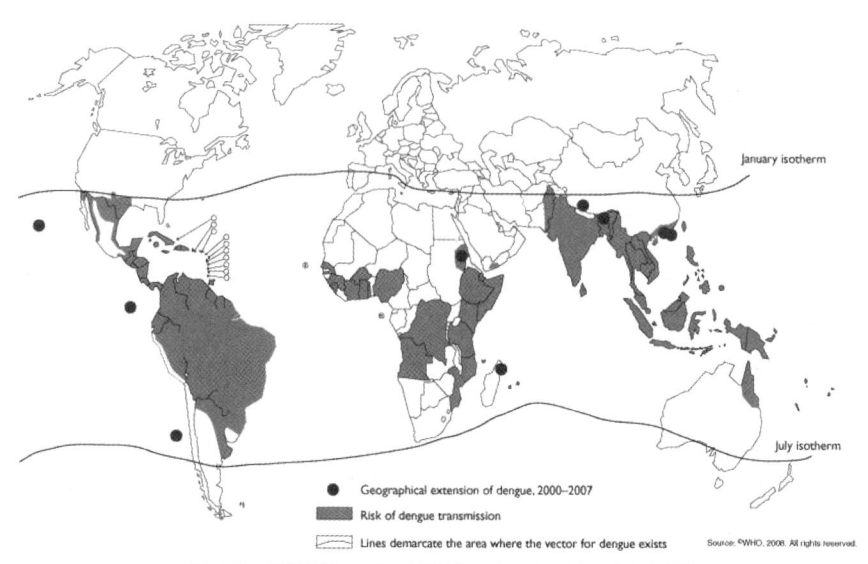

図4.4 2006年のデング伝播のリスクのある国・地域
(World Health Organization: International Travel and Health 2008 Edition)

ウイルスには4つの血清型が存在し，どの血清型が流行するかということが年ごとの流行規模を左右するため，気候変動とデング感染の関連を検証することをさらに困難なものとしている．実際にデングウイルス感染と気候との関連について検証した研究でも，気温や降水量がデング出血熱の経年的な変化と明らかな相関はなかったとするものや[20]，明らかな相関が認められたとするものもあり[21]，その関係について結論が出ていない．特に将来の気候変動がデング感染のパターンについてどのような影響を及ぼすのかについては両論がある[22]．デング熱に関しても，マラリアと同様に，人での感染パターンは気候以外の社会的要因によって大きく左右されるので，気候変動とデング感染についての関連を明らかにすることは容易ではない．

チクングニア熱も蚊によって媒介される．最初に感染が確認されたのはアフリカで，アフリカやアジアでの散発的な流行が見られていたが，2005年以降インド亜大陸やインド洋の諸国を中心として大規模な流行が起きている（図4.5）[23,24]．ヨーロッパではイタリアでも流行が確認されている[25]．チク

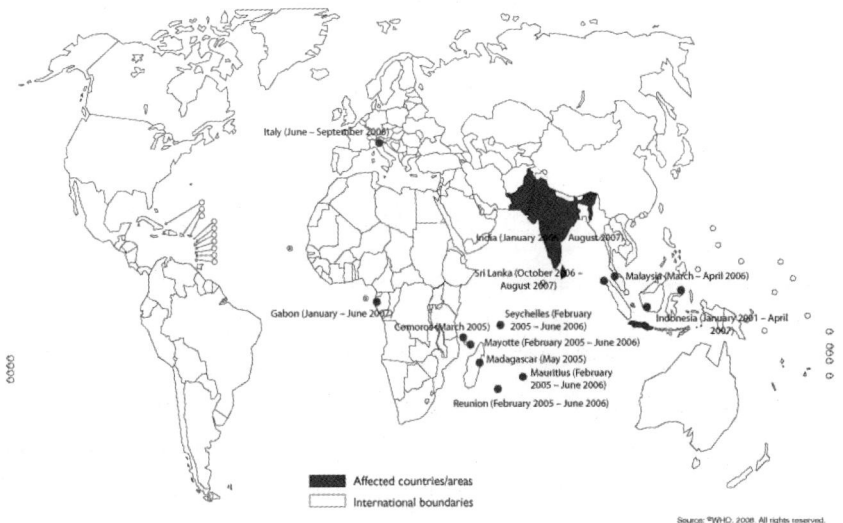

図4.5 2001年から2007年までのチクングニア熱の発生地域
(World Health Organization: International Travel and Health 2008 Edition)

ングニア熱についても，感染地域の拡大が気候変動と関連しているのではないかという可能性が指摘されているが[26]，その結論は得られていない．

5）リフトバレー熱

リフトバレー熱は主にアフリカに存在するウイルス感染症で，ヒツジ・ヤギ・ウシなどの家畜から蚊を媒介して人に感染する．気候条件の変化，特に降水量の増加がリフトバレー熱の感染率を増加させることは以前より知られていた[27]．衛星からのデータの解析によるインド洋の海水面の温度上昇がリフトバレー熱の流行と関連することが見いだされた[28-30]．これはインド洋の海水面の温度が上昇すると東アフリカでの降水量が増え，それによってリフトバレー熱を媒介する蚊が増えるというメカニズムによると考えられている．

6）ペスト

ペストはペスト菌（*Yersinia pestis*）という細菌によって起こる感染症であり，ペスト菌の自然宿主はネズミなどの齧歯類である．人への感染は齧歯類から主にノミを介して起こる．中世のヨーロッパに壊滅的な被害をもたらしたことで知られるが，現在でも中央アジア，アフリカ，南アメリカなどの地域で散発的な発生がある．中央アジアにおけるペスト発生数を1949～1995年まで解析した結果，ペストの流行は春の平均気温，さらに夏の湿度による砂ネズミの増加に起因することがわかった．特に，春に平均気温が1℃上昇するとその年のペスト流行は50％以上上昇することが示された[31]．

7）インフルエンザウイルス

多くの感染症は季節性を持って発生する傾向にある．すなわち一年のうち特定の気候条件の時に多く発生するというパターンを持つ感染症が多くあり，その典型的な例はインフルエンザである．インフルエンザは日本を含む温帯地域では通常，冬から春の初めにかけて毎年のように流行を繰り返している．これに対して熱帯・亜熱帯地域ではインフルエンザウイルスは一年中存在することがわかっている[32]．日本でも近年，特に沖縄で夏のインフルエンザの

流行が見られるようになっているが，これが気候変動と関連があるのかどうかは明らかではない．インフルエンザと気候の関連では，エルニーニョとインフルエンザの流行パターンの関連性の解析を行った研究がいくつか発表されているが，インフルエンザの流行パターンはウイルスの抗原性の変化によって大きく左右されるので，年ごとの気候の影響を評価することは困難である．1984～2002年にかけてのフランスにおけるインフルエンザの超過死亡とエルニーニョとの関連では有意の相関が見られたとしている．すなわち気温の低い年ではインフルエンザ流行が大きく，超過死亡率も高いという結果が得られている[33]．カリフォルニア州での1979～1998年における解析では，エルニーニョの年では通常の年に比べインフルエンザによる死亡率は低かった．これらのデータから構築した地理空間モデルでも冬季におけるインフルエンザ死亡リスクはエルニーニョの年は有意に低かったとしている[34]．しかし，インフルエンザ等の季節性を持つ感染症が，気候変動によって将来どのような影響を受けるのかということについてはよくわかっていない．

8）新興感染症と気候変動

気候変動の結果として人類にとって新しい感染症，いわゆる新興感染症（Emerging Infectious Disease）が出現する可能性も指摘されている[35]．ここ数年 SARS（Severe Acute Respiratory Syndrome：重症急性呼吸器症候群）や鳥インフルエンザなどの新興感染症が世界的な注目を集めているが SARS やと鳥インフルエンザといった新興感染症の出現は気候変動と関連があるのであろうか．SARSの流行は2002年11月に始まり2003年の7月には終息した．SARSの封じ込めに成功したのは各国が非常に積極的な対策を実施したのが主な要因であると考えられているが[36]，晩秋に始まり1～4月にピークを迎え5月以降急速に終息に向かったことから，その終息には気温の上昇といった気候要因が，ある一定の役割を果たした可能性もある[37]．同じ呼吸器ウイルス感染症であるインフルエンザがそうであるように，SARS も気温の低くなる冬期に活動が活発になるという可能性はあるが，それが事実だとしてもSARSの出現が温暖化に向かう気候変動と関連しているとは考えられない[38]．

鳥インフルエンザ H5N1 もむしろ気温の低い冬期に活動が活発になることが知られているので[39]，鳥インフルエンザの出現が現在の気候変動と直接的に関連しているとは考えられない．しかし今後，蚊などが媒介する新興感染症が気候変動の結果として出現する可能性は存在する．

9) 感染症の気候変動との関連性についてのまとめ

これまで，いくつかの感染症について気候との関連について現在わかっていることについてまとめてきたが，感染症の発生には気候以外の様々な要因が影響しており，気候要因の影響を評価することは困難である．これまで温暖化等の気候変動との関連性が議論されてきたマラリア等の感染症についても，解析の方法によって異なる結果が示されている．特に将来の影響については異なる見方があり，正確な予測ができているわけではない．これまで直接的な気候変動の感染症への影響を見てきたが，気候変動の感染症に及ぼす間接的な影響も考慮する必要がある．すなわち，気温の上昇や降雨量の減少により安全な水や食料が不足することにより水系感染症や食物由来の感染症が全体的に増加する可能性がある．また，食料の不足は栄養不良をもたらすことになり，それが様々な感染症に対する抵抗性を減弱させることにつながる可能性もある．実際，途上国では今もなお多くの子供が肺炎や下痢症などの感染症で命を落としているが，その背景にある一番大きな要因は栄養不良である．このような間接的な影響の方が直接的な影響よりもはるかに大きい可能性がある[40]．

4. 気候変動と感染症以外の健康への影響

気候変動の健康へもたらす影響については図4.1にまとめたとおりである．これらの健康影響については前述の WHO, WMO, UNEP のまとめた Climate Change and Human Health - Risk and Response[1] 以外にもいくつかの総説が発表されているので[41-45]，ここではそれらの文書を基にまとめていきたい．

1) 熱波・暑熱

　2003年の夏にヨーロッパ各国を襲った熱波により，高齢者を中心として多くの人が死亡した[46-49]．日本でも夏の最高気温が増加傾向にあり，その健康影響が危惧されている．熱波・暑熱による健康影響としては熱中症や熱射病といった直接的な被害以外にも，循環器系の疾患などによる死亡率の増加など間接的な影響も考慮する必要がある．しかし，一般的に温帯地方では夏よりも冬の寒い時期に死亡率が増大する傾向がある．日本でも，図4.6に示したように冬に死亡者数が多いという傾向が見られる．これは冬にはインフルエンザ等の感染症が流行することや脳血管疾患や心疾患による死亡が増えることが原因である．年間の平均気温が上昇することによって夏と冬の死亡のパターンがどのように変化し，全体の死亡にどのような影響を与えるかを評価することは今後の課題である．熱波・暑熱による健康被害をより受けるのは社会的弱者である．先進国では高齢者やホームレスといった人達が大きな影響を受けているし，途上国では都市部のスラム等に住む貧困層がよる大きな影響を受けていると考えられている[42]．

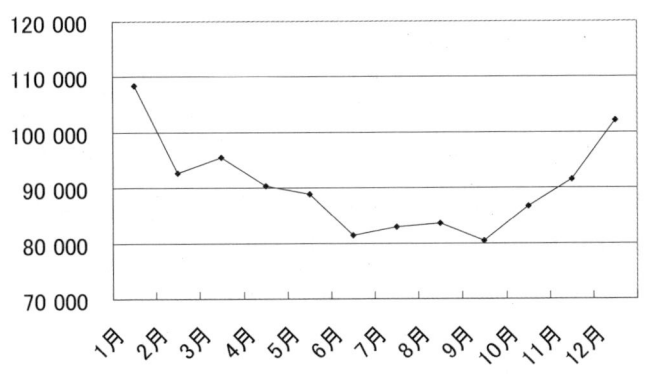

図4.6　日本における月別の総死亡数（平成19年）
厚生労働省人口動態統計月報（http://www.mhlw.go.jp/toukei/index.html）

2) 異常気象

　健康に影響を与える異常気象としては台風・サイクロンなど以外に，降水量のパターンの変化による洪水や干ばつなどが考えられる．台風・サイクロンや洪水は一度に大きな被害が起きるために注目を集めるが，その影響は通常限られた地域において短期間に起こるものであり，世界全体の健康へのインパクトは実はそれほど大きくないと考えられている．またこれらの異常気象が，どの程度気候変動の結果起きたものかを評価することが難しいという問題もある．むしろ世界規模で考えても健康に大きな影響を与えるのは干ばつである．干ばつは広い地域で起きることが多く，その影響は栄養不良などの形で長期に及ぶ可能性がある[50]．

3) 食料・水の不足による影響

　気温の変化や降水量の変化は食料生産や水資源の枯渇という事態を招く可能性がある．感染症の項で述べたように，食料や水の不足は食物由来感染症や水系感染症の増加を来す可能性があるが，それ以外にも栄養不良や人口移動などの形で健康に悪影響を与える可能性がある．

5. 気候変動の健康影響の現状と将来

　マスコミなどの報道では気候変動により莫大な健康影響が生じるのではないかということを警告するものも多く見られるが，実際にはどの程度の健康被害が現在生じており，将来生じる可能性があるのであろうか．WHOの報告書では様々な健康被害に関する気候変動の影響を評価し，2000年に世界中で15万人の人が気候変動による健康被害で死亡しているとしている[51]．この死亡者数の推計を原因別に見たものが図4.7である．原因のうち最も大きいものは栄養不良であり，それに続いて下痢が重要な位置を占めていることがわかる．HIVや結核により年間数百万人の人が死亡していると推計されているので，それらの健康影響に比べると必ずしも大きな影響ではないということが言える．WHOは2002年にWorld Health Reportの中で様々な要因による健康

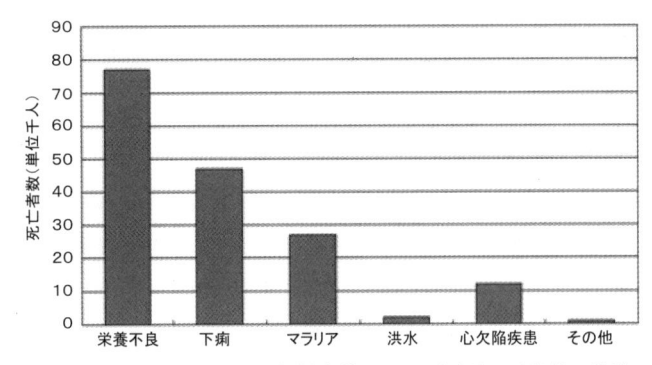

図4.7 2000年時点での気候変動による原因別の死者数の推計

表4.2 地域ごとにみた2000年の時点での気候変動によるDALYsの推計

地域	栄養不良	下痢	マラリア	洪水	計
アフリカ地域	616	414	860	4	1894
中東地域	313	291	112	52	768
南東アジア地域	0	17	3	72	92
ラテンアメリカ＋カリブ海地域	1918	640	0	14	2572
西太平洋地域（先進国を除く）	0	89	43	37	169
先進国	0	0	0	8	8
世界全体	2847	1460	1018	192	5517

World Health Organization: World Health Report 2002

被害の程度をDALYs（Disability Adjusted Life Years：障害調整生存年数）として評価した結果を発表している．最もDALYsに対して大きな影響を与えているとされているのは低体重（栄養不良）であり，DALYs全体の約10％を占めていると推定されている．これに対し気候変動が2000年時点でDALYsに与えている割合は0.5％に過ぎず，様々なリスクの中ではその割合は非常に小さいということになる．しかしその影響はアフリカなどの貧しい地域でより大きいと推計されている（表4.2）．将来の被害予測については多くの不確定要素があり，予測をするための変数がはっきりしないという問題があるが，少なくとも2030年の時点では2000年より数パーセントDALYsが増加するのに留まるだろうと考えられている[51]．今後もより正確なモデルを作成して気候変動の健康へ与える影響についてモニタリングしていく必要がある．

1) WHO/WMO/UNEP: Climate Change and Human Health‐Risk and Response, World Health Organization（2003）

2) WHO: Using Climate to Predict Infectious Disease Epidemics (2005)
3) Epstein PR: West Nile virus and the climate, *J Urban Health*, 78 (2), 367-371 (2001)
4) Colwell RR: Global climate and infectious disease, the cholera paradigm, *Science*, 274 (5295), 2025-2031 (1996)
5) Lobitz B., Beck L., Huq A, et al.: Climate and infectious disease, use of remote sensing for detection of Vibrio cholerae by indirect measurement, *Proc Natl Acad Sci USA*, 97 (4), 1438-43 (2006)
6) Pascual M., Rodo X., Ellner SP., Colwell R. and Bouma MJ: Cholera dynamics and El Nino-Southern Oscillation, *Science*, 289 (5485), 1766-9 (2000)
7) Rodo X., Pascual M., Fuchs G. and Faruque AS: ENSO and cholera: a nonstationary link related to climate change?, *Proc Natl Acad Sci USA*, 99 (20), 12901-6 (2002)
8) Paz S., Bisharat N., Paz E., Kidar O. and Cohen D: Climate change and the emergence of Vibrio vulnificus disease in Israel, *Environ Res*, 103 (3), 390-6 (2007)
9) Loevinsohn ME: Climatic warming and increased malaria incidence in Rwanda, *Lancet*, 343 (8899), 714-8 (1994)
10) Bonora S., De Rosa FG., Boffito M., Di Perri G. and Rossati A: Rising temperature and the malaria epidemic in Burundi, *Trends Parasitol*, 17 (12), 572-3 (2001)
11) Pascual M., Ahumada JA., Chaves LF., Rodo X. and Bouma M: Malaria resurgence in the East African highlands: temperature trends revisited, *Proc Natl Acad Sci USA*, 103 (15), 5829-34 (2006)
12) Tanser FC., Sharp B. and le Sueur D: Potential effect of climate change on malaria transmission in Africa, *Lancet*, 362 (9398), 1792-8 (2003)
13) Hay SI, Cox J, Rogers DJ, et al.: Climate change and the resurgence of malaria in the East African highlands, *Nature*, 415 (6874), 905-9 (2002)
14) Small J. and Goetz SJ: Hay SI: Climatic suitability for malaria transmission in

Africa 1911-1995, *Proc Natl Acad Sci USA*, 100 (26), 15341-5 (2003)
15) Mackenzie JS, la Brooy JT, Hueston L. and Cunningham AL: Dengue in Australia, *J Med Microbiol*, 45 (3), 159-61 (1996)
16) Chuang VW., Wong TY., Leung YH., et al.: Review of dengue fever cases in Hong Kong during 1998 to 2005, *Hong Kong Med J*, 14 (3), 170-7 (2008)
17) Chao DY., Lin TH., Hwang KP., Huang JH., Liu CC. and King CC: 1998 dengue hemorrhagic fever epidemic in Taiwan, *Emerg Infect Dis*, 10 (3), 552-4 (2004)
18) Gubler DJ. and Trent DW: Emergence of epidemic dengue/dengue hemorrhagic fever as a public health problem in the Americas, *Infect Agents Dis*, 2 (6), 383-93 (1993)
19) Gubler DJ., Reiter P., Ebi KL., Yap W., Nasci R. and Patz JA: Climate variability and change in the United States: potential impacts on vector- and rodent-borne diseases, *Environ Health Perspect*, 109 *Suppl* 2, 223-33 (2001)
20) Hay SI., Myers MF., Burke DS., et al.: Etiology of interepidemic periods of mosquito-borne disease, *Proc Natl Acad Sci USA*, 97 (16), 9335-9 (2000)
21) Hales S, Weinstein P, Souares Y. and Woodward A: El Nino and the dynamics of vectorborne disease transmission, *Environ Health Perspect*, 107 (2), 99-102 (1999)
22) Barclay E: Is climate change affecting dengue in the Americas?, *Lancet*, 371 (9617), 973-4 (2008)
23) Higgs S: The 2005-2006 Chikungunya epidemic in the Indian Ocean, *Vector Borne Zoonotic Dis*, 6 (2), 115-6 (2006)
24) Lahariya C. and Pradhan SK: Emergence of chikungunya virus in Indian subcontinent after 32 years: A review, *J Vector Borne Dis*, 43 (4), 151-60 (2006)
25) Rezza G., Nicoletti L., Angelini R., et al.: Infection with chikungunya virus in Italy: an outbreak in a temperate region, *Lancet*, 370 (9602), 1840-6 (2007)
26) Epstein PR: Chikungunya Fever resurgence and global warming, *Am J Trop Med*

Hyg, 76 (3), 403-4 (2007)

27) Davies FG., Linthicum KJ. and James AD: Rainfall and epizootic Rift Valley fever, *Bull World Health Organ*, 63 (5), 941-3 (1985)

28) Linthicum KJ., Anyamba A., Tucker CJ., Kelley PW., Myers MF. and Peters CJ: Climate and satellite indicators to forecast Rift Valley fever epidemics in Kenya, *Science*, 285 (5426), 397-400 (1999)

29) Linthicum KJ., Bailey CL., Davies FG. and Tucker CJ: Detection of Rift Valley fever viral activity in Kenya by satellite remote sensing imagery, *Science*, 235 (4796), 1656-9 (1987)

30) Anyamba A., Linthicum KJ. and Tucker CJ: Climate-disease connections: Rift Valley Fever in Kenya, *Cad Saude Publica*, 17 Suppl, 133-40 (2001)

31) Stenseth NC., Samia NI., Viljugrein H., et al.: Plague dynamics are driven by climate variation, *Proc Natl Acad Sci USA*, 103 (35), 13110-5 (2006)

32) Hampson AW: Epidemiological data on influenza in Asian countries, *Vaccine*, 17 Suppl 1, S19-23 (1999)

33) Viboud C., Pakdaman K., Boelle PY., et al.: Association of influenza epidemics with global climate variability, *Eur J Epidemiol*, 19 (11), 1055-9 (2004)

34) Choi KM., Christakos G. and Wilson ML: El Nino effects on influenza mortality risks in the state of California, *Public Health*, 120 (6), 505-16 (2006)

35) Epstein PR: Climate change and emerging infectious diseases, *Microbes Infect*, 3 (9), 747-54 (2001)

36) Heymann DL: The international response to the outbreak of SARS in 2003, *Philos Trans R Soc Lond B Biol Sci*, 359 (1447), 1127-9 (2004)

37) Stadler K., Masignani V., Eickmann M., et al.: SARS--beginning to understand a new virus, *Nat Rev Microbiol*, 1 (3), 209-18 (2003)

38) Chastel C: Emergence of new viruses in Asia: is climate change involved?, *Med Mal Infect*, 34 (11), 499-505 (2004)

39) Li KS., Guan Y., Wang J., et al.: Genesis of a highly pathogenic and potentially pandemic H5N1 influenza virus in eastern Asia, *Nature*, 430 (6996), 209-13

(2004)

40) Campbell-Lendrum D. and Woodruff R: Comparative risk assessment of the burden of disease from climate change, *Environ Health Perspect*, 114 (12), 1935-41 (2006)

41) Khasnis AA. and Nettleman MD: Global warming and infectious disease, *Arch Med Res*, 36 (6), 689-96 (2005)

42) Patz JA. and Kovats RS: Hotspots in climate change and human health, *Bmj*, 325 (7372), 1094-8 (2002)

43) Patz JA: A human disease indicator for the effects of recent global climate change, *Proc Natl Acad Sci USA*, 99 (20), 12506-8 (2002)

44) Patz JA., Campbell-Lendrum D., Holloway T. and Foley JA: Impact of regional climate change on human health, *Nature*, 438 (7066), 310-7 (2005)

45) McMichael AJ., Woodruff RE. and Hales S: Climate change and human health: present and future risks, Lancet, 367 (9513), 859-69 (2006)

46) Pirard P., Vandentorren S., Pascal M., et al.: Summary of the mortality impact assessment of the 2003 heat wave in France, *Euro Surveill*, 10 (7), 153-6 (2005)

47) Nogueira PJ., Falcao JM., Contreiras MT., Paixao E., Brandao J. and Batista I: Mortality in Portugal associated with the heat wave of August 2003: early estimation of effect, using a rapid method, *Euro Surveill*, 10 (7), 150-3 (2005)

48) Johnson H., Kovats RS., McGregor G., Stedman J., Gibbs M. and Walton H: The impact of the 2003 heat wave on daily mortality in England and Wales and the use of rapid weekly mortality estimates, *Euro Surveill*, 10 (7), 168-71 (2005)

49) Garssen J., Harmsen C. and de Beer J: The effect of the summer 2003 heat wave on mortality in the Netherlands, *Euro Surveill*, 10 (7), 165-8 (2005)

50) Kovats RS., Bouma MJ., Hajat S., Worrall E. and Haines A: El Nino and health, *Lancet*, 362 (9394), 1481-9 (2003)

51) Campbell-Lendrum D. and Woodruff aR: Climate Change, Quantifying the health impact at national and local levels, WHO (2007)

第5章
気候変動の影響・適応と緩和策
—統合報告書の知見—

原沢英夫
内閣府 政策統括官付参事官（環境エネルギー担当）
（元（独）国立環境研究所 社会環境システム研究領域長）

1．はじめに

　2007年は，温暖化問題への対応を考えるうえで重要な年となった．2007年2月2日に公表された気候変動に関する政府間パネル（IPCC）第1作業部会の第4次評価報告書（自然科学的根拠）は，地球の気温上昇などの観測結果から温暖化の進行は明らかであり，その原因は人間活動から排出された二酸化炭素などの温室効果ガスであることの可能性がかなり高いことを科学的に明らかにした．続いて4月6日に公表された第2作業部会報告書（影響，適応，脆弱性）は，温暖化の影響が世界各地で顕在化していること，そしてこのまま温暖化が進めば，世界各地で種々の分野に影響が深刻化すると予測している．さらに5月に公表された第3作業部会報告書では，温暖化の影響を極力抑える

ために，地球平均気温の上昇を2℃程度に抑えるには，今後10～20年に温室効果ガスの排出量にピークを打たせて2050年には50％以上の削減が必要であること，そして現在の削減技術を総動員したうえで，炭素に価格をつけるなどの経済的な方法も活用することにより，排出量の削減は可能であることを示した．

　2007年11月には第27回IPCC総会（2007年11月12～17日，スペイン・バレンシア）が開催され，3つの作業部会報告書を踏まえて作成された統合報告書が採択され，潘　基文（バン・ギムン）国連事務総長も出席した記者会見が世界中に公表された．この報告書はインドネシアのバリで開催された気候変動枠組み条約の第13回締約国会議（COP13）の2013年以降の枠組みの議論の基礎資料として活用され，京都議定書のアドホック作業部会（AWG）では，2030年までに25～40％の削減が必要であり，それを目標とするべきという議論の根拠となった．新たに設置された枠組条約のAWGでは，こうした目標は設定されなかった．

　わが国においては，2050年に世界の温室効果ガス排出量を半減するという21世紀環境立国戦略，そしてクールアース50が公表され，温暖化対策の長期目標について世界に提案し，G8ハイリゲンダムサミットにおいて主要国首脳により真剣に検討することになった．

　IPCC総会に先立つ10月12日には，IPCCとAl Gore（アル・ゴア）米国元副大統領がノーベル平和賞を受賞することが決まった．受賞の理由は，人為的に起こる気候変動の科学的知見を蓄積，普及するとともに，気候変動へ対処する対策の基礎を築いたことである．地球温暖化の問題が，いまや世界の平和を脅かす，軍事の安全保障などと肩を並べるほどの深刻な問題に拡大してしまったことの表れでもある．先進国，途上国を問わず，IPCCの示した温暖化防止の処方箋を参考に，長期を見据えて，短期では京都議定書の第一約束期間の削減約束の達成，そしてその後のさらに厳しい排出削減の計画を立て，真に低炭素社会の構築を実現しなければならない．

　現在そして今後の温暖化対策を検討するうえで，よって立つ科学的知見として重要なIPCC第4次評価報告書（特に統合報告書を中心に）の内容につい

て紹介する．

2．IPCC第4次評価報告書と統合報告書

　IPCCの第4次評価報告書は3つの作業部会がそれぞれまとめる報告書と，これら3つの報告書をもとに作成される包括的な統合報告書から構成される．統合報告書は，第3次評価報告書（2001年）発表以降得られた科学知見に基づき，気候変動の現象や原因と予測，影響と適応，緩和策など作業部会報告でとりまとめられた科学的知見を横断的・総合的にとりまとめたものである．ちなみにIPCCは自ら温暖化研究を進める国連組織ではなく，最新の温暖化に係る査読付き論文などを網羅的に収集し，評価する科学的アセスメントを使命としている．

　統合報告書は，本編とそのまとめである政策決定者向け要約（SPM: Summary for Policymakers）からなる．統合報告書SPMは，世界の人々，とりわけ各国の政策担当者や政治家に手短に最新の科学的知見を提供するために作成されるもので，各作業部会報告書のSPMや本文をもとに，図表も多用して，読みやすく，理解が容易なように編集されている．統合報告書は，以下の6つの主題についてまとめられている．

①気候変化とその影響の観測結果
②気候変化の原因
③予測される気候変化とその影響
④適応と緩和のオプション
⑤長期的な展望
⑥強固な科学的知見と主要な不確実性

　⑥については，IPCC総会の審議の中で，結局本文のみに記載されることになった．本文やSPMについては原文や和訳が入手できる（IPCC，2007a；文部科学省ほか，2007）．

　以下，主題ごとの概要を紹介する．

2.1 主題1: 気候変化とその影響に関する観測結果

観測されている気候変化とそれが人類および自然系に及ぼす影響をまとめている．

- 大気や海洋の全球平均温度の上昇，雪氷の広範囲にわたる融解，世界平均海面水位の上昇が観測されていることから，気候システムの温暖化には疑う余地がない（unequivocal）．

地球観測データが充実してきたことから，気温，海面上昇，海氷の変化が

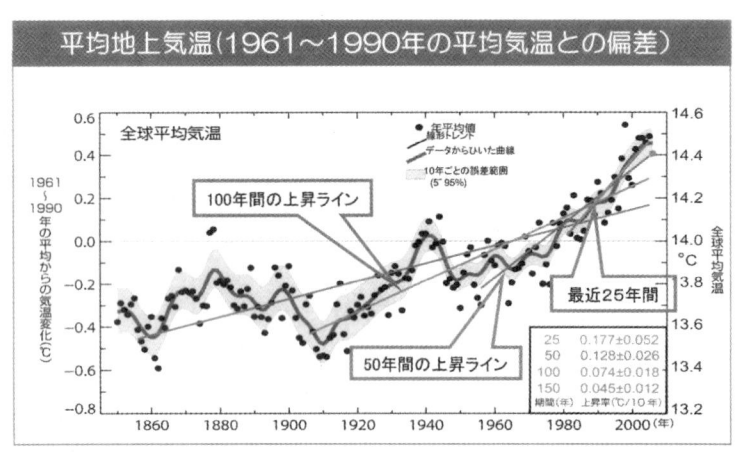

図5.1 加速する温暖化（全球平均気温の経年変化と傾向）（IPCC，2007b）

表5.1 観測された海面水位の上昇率と様々な要因からの寄与の推定（IPCC，2007b）

海面水位上昇の要因	海面水位の上昇率（mm/年）	
	1961〜2003	1993〜2003
熱膨張	0.42 ± 0.12	1.6 ± 0.5
氷河と氷帽	0.50 ± 0.18	0.77 ± 0.22
南極氷床	0.05 ± 0.12	0.21 ± 0.07
グリーンランド氷床	0.14 ± 0.41	0.21 ± 0.35
海面水位上昇に寄与する個別要因の合計	1.1 ± 0.5	2.8 ± 0.7
観測された海面水位上昇	1.8 ± 0.5[※1]	3.1 ± 0.7[※1]
差異（観測値から気候の寄与の推計値の総計を引いたもの）	0.7 ± 0.7	0.3 ± 1.0

※1 1993年以前のデータは潮位計，1993年以降は衛星高度計の観測による．

分析され，その結果，すでに温暖化は確実に進行していることが明らかとなった．

図5.1は，地球の年平均気温の変化を示したものである．ここ100年間（1906〜2005年）で地球の年平均気温が0.74℃上昇していることが観測されている．また，50年，25年で直線を引くとその傾きが急になってきており，温暖化が加速している可能性も指摘されている．

また表5.1は，海面上昇の現状と要因ごとの寄与を示したものである．特に注目すべき点は，海面上昇量の内訳が分析されていること，そしてこれまで温暖化しても容易に融解することがないと考えられていたグリーンランドや南極の氷床が次第に融けていることがわかってきたことである．

・地域的な気候変化により，多くの自然生態系が影響を受けている．

気温上昇のため，温暖化の影響が世界各地で顕在化している．とくに熱波，干ばつ，豪雨，洪水などの異常気象が発生し，多くの犠牲者が出るなどの影響が顕在化している．IPCC第4次評価報告書では，すべての大陸とほとんどの海洋で雪氷圏や生態系，さらに一部の社会経済システムにも温暖化の影響が表れていると科学的に判定している．具体的な例としては以下のような現象が挙げられている．

- 氷河湖（氷河が縮小する時に溶け出した水が溜まってできた湖）の増加と拡大／永久凍土地域における地盤の不安定化／山岳における岩なだれの増加
- 春季現象（発芽や開花，鳥の渡り，産卵行動など）の早期化／動植物の生息域の高緯度，高地方向への移動
- 北極および南極の生態系（海氷生物群系を含む）および食物連鎖上位捕食者における変化
- 多くの地域の湖沼や河川における水温上昇

さらに人間社会については，以下のような影響が顕在化している．ただし，雪氷圏や生態系への影響に比べると，温暖化以外の要因も関連するために，その確からしさ（IPCCでは確信度と呼ぶ）は中程度である．

・北半球の高緯度地域の農業や林業：耕作時期の早期化，火災や害虫による森林撹乱

・健康被害:ヨーロッパでの熱波による死亡,媒介生物による感染症リスク,北半球高・中緯度地域におけるアレルギー源となる花粉など
・北極:北極圏の人間活動(例えば,氷雪上での狩猟や移動)
・低標高山岳地帯:山岳スポーツなどの人間活動

2001年に公表された第3次評価報告書では,温暖化による社会経済システムへの影響については,気候変化以外の要因の影響と区別が困難であるとして,事例が示されていなかったが,今回は明らかに気温上昇などの影響が社会や経済に影響が表れていることを指摘している.

2.2 主題2:気候変化の原因

観測された気候変化の原因をまとめている.

・人間活動により,現在の温室効果ガス濃度は産業革命以前の水準を大きく超えている.

温暖化の原因となる温室効果ガスは,二酸化炭素,メタン,N_2Oの他にも多くある.フロンのように二酸化炭素に比べて強力な温室効果およびオゾン層破壊力を持つ物質,オゾンのように両面,すなわち成層圏オゾンは冷却効果,対流圏や地表面付近のオゾンは温暖化を進める物質,さらに硫酸エアロゾルなどは地域的に分布して冷却効果を持つ物質がある.二酸化炭素の1万年前からの変化について示したのが図5.2である.産業革命前は約280 ppmで

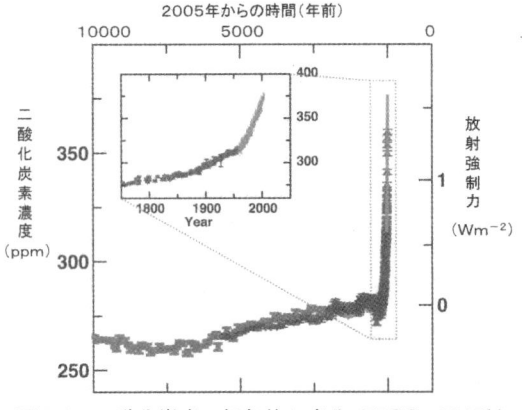

図5.2 二酸化炭素の経年的な変化 (IPCC, 2007b)

安定していたが，この100年ほど急激に増加しており，2005年では378 ppm，2006年には381 ppm（WMO, 2007）を記録している．

- **20世紀半ば以降に観測された全球平均気温の上昇のほとんどは，人為起源の温室効果ガスの増加によってもたらされた可能性がかなり高い．**

第1作業部会の第3次評価報告書（2001年）では，「最近50年間に観測された温暖化のほとんどが人為的活動によるものであるという，新たな，より強力な証拠がある．…（途中省略）…最近50年間に観測された温暖化のほとんどが温室効果ガス濃度の上昇によって引き起こされた可能性が高い（is likely）」という評価だった．今回の第4次評価報告書では，「過去半世紀の気温上昇のほとんどが人為的温室効果ガスの増加による可能性がかなり高い（is very likely）」と人為的な原因による温暖化の可能性が90％を越える確率となり，科学的にほぼ断定されたと言ってよい．

この判断には，種々の観測値が役立っているが，さらに気候モデルの発展も大きくかかわっている．気候モデルは，地球の気候システムを構成する大気，海洋，陸域の種々の要素をコンピュータプログラムとして組み込んだもので，温室効果ガスを変化させた場合の気温，降水量，海面上昇などをシミュレートするものである．温暖化の現象解明や予測では，実験という手法がとれないことから，地球を模擬的に再現した気候モデルが重要な役割を担っている．開発された気候モデルが，如何に過去の気温などを再現できるかが重要であり，再現可能であることを確認したうえで，将来の温暖化を予測した場合，信頼性が増すことになる．第4次評価報告書では，第3次評価報告書以降，日本が開発した地球シミュレータを最大限活用し，分解能がより細かい気候モデルが開発され，予測されたこともあり，大きな発展を遂げている．

2.3 主題3：予測される気候変化とその影響

気候モデルを用いて，将来の気温や降水の予測を行うには，将来の人間活動から排出される温室効果ガスの排出量が必要となる．人口や経済状況，エネルギー利用状況など，様々な将来想定（排出シナリオと呼ばれている）に基づき，短期的，長期的な気候変動とその影響についてまとめている．

・現在の政策を継続した場合，世界の温室効果ガス排出量は今後20～30年増加し続け，その結果，21世紀には20世紀に観測されたものより大規模な温暖化がもたらされると予測される．

　将来気候の予測には気候モデルを利用するわけであるが，将来の人口や経済状況を反映して二酸化炭素などの温室効果ガスの排出量が必要となる．こうした将来の動向を「排出シナリオ」と呼んでいるが，排出シナリオがばらばらであると，気候モデルの予測の比較もできない．そこでIPCCは，2000年に共通に利用する排出シナリオを開発し，以降それを利用することにより，結果の比較が可能となっている．現在利用されている排出シナリオはSRES排出シナリオと呼ばれている．その基本的な考え方は，図5.3，表5.2のとおりである．またシナリオの利用にあたっては，どれも同等の根拠を持っていると考えること，またSRESシナリオは追加的な気候変動対策を含んでいないこと，すなわち，いずれのシナリオも気候変動枠組み条約や京都議定書の削減目標が履行されることを明示的に仮定していないことに留意することが必要である．

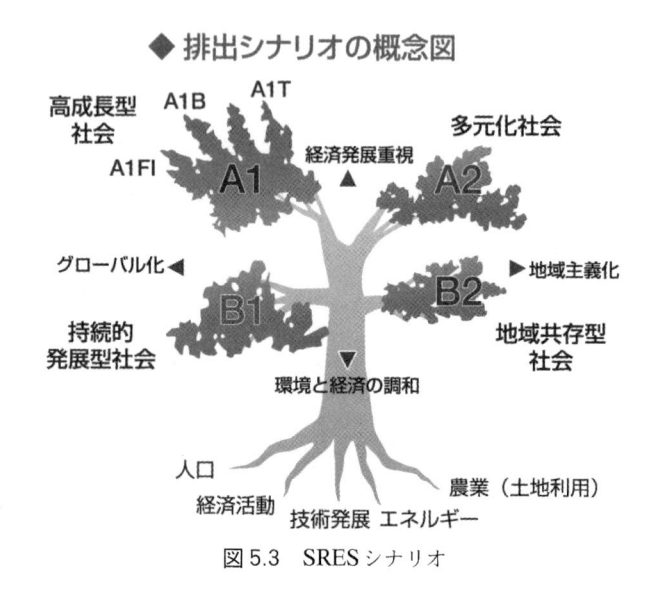

◆ 排出シナリオの概念図

図5.3　SRESシナリオ

表5.2 SRES排出シナリオの概要

	シナリオの名称	シナリオの特徴
A1	高成長型社会 A1FI：エネルギー源重視 A1T：非化石エネルギー源重視 A1B：全てのエネルギー源のバランス重視	高度経済成長が続き，世界人口が21世紀半ばにピークに達した後に減少し，新技術や高効率技術が急速に導入される未来社会．先進国・途上国の地域間格差の縮小，能力強化及び文化・社会交流の進展で1人当たり所得の地域間格差は大幅に減少．
A2	多元化社会	非常に多元的な世界．地域の独自性の保持が特徴．出生率の低下が非常に穏やかなため，世界の人口は増加を続ける．地域的な経済発展が中心で，1人当たりの経済成長や技術変化は他のシナリオに比べバラバラで緩やかである．
B1	持続的発展社会	地域間格差が縮小した世界．A1と同様に21世紀半ばに世界人口がピークに達した後に減少するが，経済構造はサービス及び情報経済に向かって急速に変化し，物質指向は減少し，クリーンで省資源の技術が導入される．経済，社会及び環境の持続可能性のための世界的な対策に重点が置かれる．
B2	地域共存型社会	経済，社会及び環境の持続可能性を確保するための地域的対策に重点が置かれる世界．世界の人口はA2よりも緩やかな速度で増加を続け，経済発展は中間的なレベルに止まり，B1とA1よりも緩慢だが，より広範囲な技術変化が起こる．このシナリオも環境保護や社会的公正に向かうが，地域的対策が中心となる．

・分野ごとの影響やその発現時期，地域的に予想される影響，極端現象（異常気象など）など，地球の気候システムに多くの変化が引き起こされると予測される．

SRES排出シナリオに基づいて，将来の気温，降水量の予測が行われる．これらの予測データをもとに，影響の予測が行われる．

図5.4は，温暖化の各分野への影響を気温上昇との関係を示したものである．横軸の気温上昇量は，1980-1999年の平均値，すなわち1990年頃からの気温上昇量を表している．

主要な分野毎の影響の概要は以下のとおりである．

淡水資源への影響：今世紀半ばまでに年間平均河川流量と水の利用可能性は，高緯度および幾つかの湿潤熱帯地域において10～40％増加し，多くの中緯度および乾燥熱帯地域において10～30％減少すると予測される．

生態系への影響：多くの生態系の回復力（resilience）が気候変化とそれに伴う

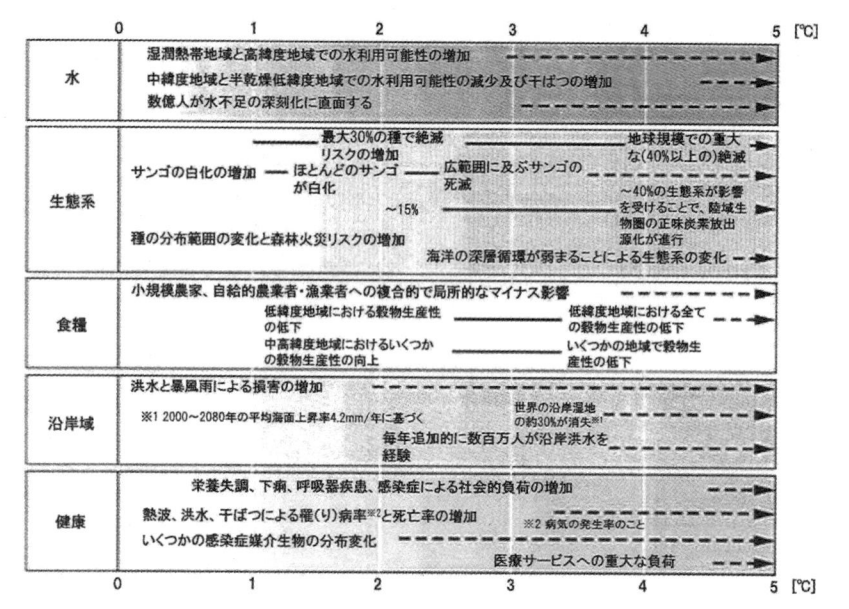

図5.4 世界平均気温の上昇による主要な影響（1980-1999年に対する世界年平均気温の変化）（IPCC, 2007b）

撹乱およびその他の変動要因が同時に発生することにより今世紀中に追いつかなくなる可能性が高い．

- 植物および動物種の約20～30％は，全球平均気温の上昇が1.5～2.5℃を超えた場合，絶滅のリスクが増加する可能性が高い．
- 今世紀半ばまでに陸上生態系による正味の炭素吸収はピークに達し，その後，弱まる，あるいは，排出に転じる可能性が高く，これは，気候変化を増幅する．

サンゴ礁への影響：約1～3℃の海面温度の上昇により，サンゴの温度への適応や気候馴化がなければ，サンゴの白化や広範囲な死滅が頻発すると予測されている．

農業・食料への影響：世界的には，潜在的な食料生産量は，地域の平均気温の1～3℃までの上昇幅では増加すると予測されているが，それを超えて上昇すれば，減少に転じると予測される．

沿岸域への影響：2080年代までに，海面上昇により，毎年の洪水被害人口が追

加的に数百万人増えると予測されている．洪水による影響を受ける人口はアジア・アフリカのメガデルタが最も多いが，一方で，小島嶼は特に脆弱である．

　IPCCは世界全体を対象としているが，さらにアフリカ，アジアなど地域ごとの予測についても情報をまとめている．アジアにおける影響は以下のようにとりまとめられている．なお，日本への影響については，アジアの小地域のうち東アジアに入っていることから，影響研究の結果がすべて盛り込まれているわけではない．このため，日本への影響については，IPCCと並行する形で，これまでもとりまとめられてきた．最近では，環境省地球温暖化影響・適応研究委員会が日本への影響・適応の情報をとりまとめ，公表している（環境省地球温暖化影響・適応研究委員会，2008）．

・アジアへの影響

　特に，筆者が担当したアジア地域の影響については以下のようにまとめることができる．各項目につけた記号は，■，●は，それぞれ中程度の確信度，高い確信度であることを示している．ここで確信度は，IPCC報告書の執筆者が文献を包括的に読解し，専門的判断を加えて，主要な記述や結論に付記している確からしさのレベルを示す．

●ヒマラヤ山脈の氷河の融解により，洪水や不安定化した斜面からの岩なだれの増加，および今後20〜30年間における水資源への影響が予測される．これに続いて，氷河が後退することに伴う河川流量の減少が生じる．

■中央アジア，南アジア，東アジアおよび東南アジアにおける淡水の利用可能性は，特に大河川の集水域において，気候変化によって減少する可能性が高い．このため人口増と生活水準の向上と相まって，2050年代までに10億人以上の人々に悪影響を与える．

■沿岸地域，特に南アジア，東アジアおよび南東アジアの人口が密集しているメガデルタ地帯は，海からの洪水（いくつかのメガデルタでは河川からの洪水）の増加に起因して，最も高いリスクに直面すると予測される．

■気候変化は，急速な都市化，工業化および経済成長と相まって，自然資源と環境への圧力となるので，アジアのほとんどの途上国の持続可能な開発を阻害すると予測される．

■ 21世紀半ばまでに，穀物生産量は，東アジアおよび東南アジアにおいて最大20％増加し得るが，一方中央アジアおよび南アジアにおいては最大30％減少し得ると予測される．人口増加と都市化を考慮すると，一部の途上国において，非常に高い飢餓のリスクが継続すると予測される．

■ 主として洪水と干ばつに伴う下痢性疾患に起因する地方的な罹患率と死亡率は，地球温暖化に伴う水循環の予測される変化によって，東アジア，南アジアおよび東南アジアで増加すると推定される．沿岸の海水温度が上昇すると，コレラ菌の存在量，毒性が増加する．

2.4 主題4：適応と緩和のオプション

温暖化を防止するためには，その原因物質である温室効果ガスを大幅に削減することが必要である．温室効果ガスの削減策を緩和策（mitigation）と呼ぶ．そしてすでに温暖化の影響が世界各地で顕在化しており，今後温暖化が進むと将来その影響が種々の分野や，先進国・途上国の別なく発生すると予測されている．本主題では，適応と緩和策を取り上げ，持続可能な開発との関係を地球規模および地域レベルでまとめている．

・気候変化に対する脆弱性を低減させるには，現在より強力な適応策が必要であり，分野ごとの具体的な適応策を例示している．

温暖化を防止するための大原則は，原因物質である二酸化炭素などの温室効果ガスを大幅に削減することである．第3作業部会の第4次評価報告書では，例えば大気中の温室効果ガス濃度を490～535 ppm（このとき気温上昇は1.8～2.2℃，産業革命前比）に安定化するためには，遅くとも2020年までに温室効果ガスの上昇傾向を止めて低減傾向に転じさせ，2050年にはCO_2排出量を2000年比で60～30％削減しなければならない（現在の温室効果ガス濃度はCO_2で380 ppm，温室効果ガスで430 ppm程度）．

見方を変えれば，最大限の削減努力を行ってもある程度の気温上昇は避けられない状況であり，予測される種々の分野や地域の影響を低減するための適応策が重要になってきた．第3次報告書では，適応策は緩和策の補完的な対策という位置づけであったが，今回の報告書では，ほぼ同等に重要であり，両

者を如何にうまく組み合わせていくかポリシーミックスが論点となっている.

現在すでに,限定的であるが適応策が実施されており,その事例が報告書にも取り上げられている.例えば,温暖化影響を考慮した社会インフラ(モルジブやオランダの沿岸護岸,カナダのコンフェデレーション橋など),ネパールの氷河湖の突発的洪水の防止,オーストラリアの水管理政策や戦略,ヨーロッパ各国政府の熱波への対応などである.将来深刻化すると予測される影響に対応するためには,現在実施されている適応策では不十分であり,一層の強化と計画的な実施が必要である.特に甚大な影響を被る開発途上国に対しては,先進国の技術的,財政的支援が不可欠である.

適応策に期待がかかるが,適応策だけで予測されるすべての影響に対処できるわけではない.また温暖化の進行とともに,長期にわたって影響がより大きくなっていくことから,対処できない場合もありうる.第4次評価報告表は適応策を計画的に実施すること,適応策と緩和策を組み合わせることにより,気候変化に伴うリスクをさらに低減することができると指摘している.

なお,IPCC第4次評価報告書では,気候変動枠組条約と京都議定書についての評価を行っている.緩和策を推進するための国際的枠組みとして,気候変動枠組条約(UNFCCC)および京都議定書は,将来に向けた緩和努力の基礎を築いたと評価された.

2.5 主題5: 長期的な展望

長期的な展望として,特に気候変動枠組条約の究極的な目標や規定に則り,持続可能な開発との関連で,適応と緩和に関する科学的・社会経済的側面をまとめている.

・気候変化を考える上で,第3次評価報告書で示された以下の5つの懸念の理由(5 reasons of concern)がますます強まっている.

ここで5つの懸念の理由とは,IPCC第3次評価報告書において,温暖化の影響を総括的に示した図5.5を意味している.気温上昇に伴い影響が深刻化するが,対象とする影響分野や地域によってその影響の現れ方(範囲や程度)も異なる.例えば,サンゴ礁の場合,1℃の水温上昇でも白化現象が発生して,

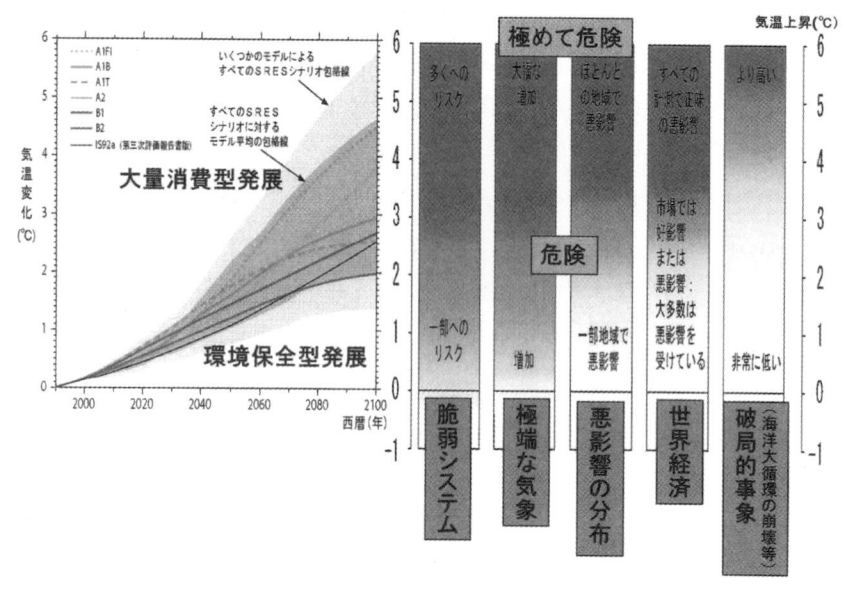

第5章　気候変動の影響・適応と緩和策—統合報告書の知見—

図5.5　気候モデルを用いて将来の気温上昇を予測（IPCC, 2001）

サンゴ礁が死滅することが報告されている．5つの分野における影響の概要を以下に示す．

1) **生態系など脆弱なシステム**：サンゴ礁の白化など，わずかな気温上昇でも影響がでる．

2) **極端な気象現象（異常気象）**：温暖化の初期段階でも極端な気象現象（異常気象）が発生して，影響が現れる．

3) **悪影響の分布**：2℃程度までの気温上昇では，利益を得る地域もある．例えば，シベリヤやカナダ北部など北方の寒い地域が温暖化で耕作が可能となるなど．しかし，2℃を越えると悪影響が卓越する．また小島嶼国や沿岸地域に位置する途上国ではわずかな海面上昇でも甚大な影響を受けることから，2℃の気温上昇ではリスクが高い．

4) **世界経済**：個々の分野の影響の総体として，世界経済を考えると温暖化の初期の段階では，好影響を得る場合もあるが，2〜3℃の上昇では，悪影響が卓越する．

5) **破局的な事象**：海洋大循環が停止するなど，大規模な気象現象の発生は，

21世紀中に発生する確率は大変小さいと見積もられているが，最近の研究では，早い温暖化では，その確率・リスクは高くなるという研究も現れている．こうした，発生確率は低いがその影響は甚大な現象について，関心が高まっている．

・第4次評価報告書における5つの懸念する理由

第3次評価報告書において特定された5つの懸念の理由は，主要な脆弱性を検討するための有効な方法であることから，第2作業部会総会での報告書審議の際に，図（改定版）を掲載することが検討されたが，結局は図および本文中の記載もなされなかった．統合報告書を審議したIPCC総会においては，5つの懸念の理由についてその重要性が再度議論され，結局本文に文章として記載されることになった（IPCC, 2007a）．各項目の傾向が第3次評価報告書よりも強まっていると評価されている．

多くのリスクが高い確信度で特定されており，以前に比べて，より小さな気温上昇で，影響がより大きくなると予測されている．また影響（第3次評価報告書における懸念の理由の基礎）と脆弱性（影響に適応する能力を含む）との関係についての理解は向上している．

1)′ 特異で危険に曝されているシステムのリスク

特異で脆弱なシステム（極地や山岳社会，生態系）に対する観測された気候変化の影響について新しく，より強力な証拠がある．

- （温度上昇により悪影響のレベルが増加する）種の絶滅やサンゴ礁の被害のリスクの増加は，温暖化が進行するにつれて第3次評価報告書よりも高い確信度で予測されている．
- 動植物種の20～30％程度は，世界平均温度が1980～1999年レベルよりも1.5～2.5℃を超えて上昇すれば，絶滅のリスクが増加する可能性が高い．
- 世界平均気温が1990年レベルから1～2℃増加（産業革命以前から1.5～2.5℃程度）すれば，多くの特異で危険にさらされているシステム（多くの生物多様性ホットスポットを含む）に重大なリスクを生じるという確信度が増加している．

- サンゴは熱ストレスに脆弱であり，適応能力は低い．海面水温の1～3℃の上昇は，サンゴによる熱適応力や気候適応力がなければ，頻繁なサンゴ礁の白化や広範囲な死滅という結果になると予想されている．
- 北極や小島嶼の原住社会の温暖化に対する脆弱性の増加が予想されている．

2)′ 極端な気象現象のリスク

近年のいくつかの極端な気象現象への対応から，第3次評価報告書よりも脆弱性が高まっていることがわかる．

- 干ばつ，熱波，洪水は，それらがもたらす悪影響と同様に増加するという予測には高い確信度がある．

3)′ 影響と脆弱性の分布

- 地域によって明確な違いがある．経済的に弱い立場の人々は，しばしば最も気候変化に脆弱である．途上国だけではなく先進国においても，貧困層や高齢者といったグループではより大きな脆弱性の証拠が増加している．
- 低緯度あるいはそれほど開発されていない地域，例えば，乾燥地域やメガデルタ地域では，より大きなリスクにさらされるという証拠が増えている．

4)′ 集計された影響

第3次評価報告書と比べて，気候変化による初期の正味の市場便益は，温暖化のより低いレベルでピークに達すると予測されている．

- 影響は温暖化のより高いレベルで大きくなる．温暖化が進むことによる正味の費用は，時間の経過とともに増加すると予測されている．

5)′ 大規模不連続現象のリスク

- 何世紀にもわたる地球温暖化により，熱膨張だけで20世紀に観測されたものよりも大きい海面水位の上昇が引き起こされ，沿岸域の喪失等の影響が起こる（高い確信度）．
- グリーンランドと南極の氷床により，さらに海面水位が上昇する危険性が，氷床モデルによる予測よりも大きく，百年規模の時間スケールで起こり得ることについての理解は，第3次評価報告書よりも進んでいる．こ

れは，近年の観測で見られた氷の力学的過程（これは，第4次評価報告書で評価された氷床モデルには十分に含まれていない）により，氷の損失率が上昇するためである．

　第4次評価報告書では，気候変化がもたらす便益と被害についても検討している．気候変化の影響は地域によって異なるが，その影響は，地球規模で合計し現在に割り引いた場合，毎年の正味のコスト（被害コスト）は，全球平均気温が上昇するにつれて増加する可能性が非常に高いと考えられている．

　全球平均気温の上昇が1990年レベルから1～3℃である場合には，一部の地域や分野では便益を得るような場合（例えば，寒い地域で穀物生産が可能となる）もあるが，熱帯・亜熱帯地域の穀物生産や食糧需給では被害が発生するので，便益と被害が混在する可能性が高い．特に，低緯度地域及び極域では，気温のわずかな上昇でも被害が発生する可能性が非常に高くなるので留意が必要である．さらに2～3℃以上気温が上昇した場合には，すべての地域において正味の便益の減少か正味のコストの増加のいずれかが生じる可能性が非常に高く，概して悪影響が卓越すると予測されている．

　温暖化と途上国の持続可能性にも言及している．途上国においては，洪水や干ばつなど温暖化の影響が顕在化するにつれて，社会経済開発に支障をきたしはじめている．また大気汚染，水質汚濁，都市環境問題など解決すべき環境問題は山積しているが，さらに温暖化はこうした問題とも深く関連している．IPCCは途上国が持続可能な開発を進めるうえで，温暖化と環境問題，開発問題を一体として扱うことの重要性を指摘している．

・多くの影響は，緩和策により減少，遅延，回避することができるが，今後20年から30年間の緩和努力とそれに向けた投資が鍵となる．排出削減が遅れれば，より低いレベルでの安定化は困難となるため，より厳しい気候変化の影響を被ることになる．

　大気中の温室効果ガス濃度を安定化させるためには，将来のある時点で排出量を最大にし（ピークアウトし），その後は減少する必要がある．安定化レベルが低ければ低いほど，ピークとその後の減少が起きる時期を早くする必

表5.3 安定化シナリオによる長期の世界平均気温上昇と熱膨張による海面上昇（IPCC, 2007a）

区分	CO_2濃度	温室効果ガス濃度（CO_2換算）	CO_2排出がピークとなる年	2050年のCO_2排出（2000年比、%）	産業革命前からの気温上昇	熱膨張による産業革命前からの海面上昇
	ppm	ppm	年	%	℃	メートル
I	350–400	445–490	2000–2015	−85 to −50	2.0–2.4	0.4–1.4
II	400–440	490–535	2000–2020	−60 to −30	2.4–2.8	0.5–1.7
III	440–485	535–590	2010–2030	−30 to +5	2.8–3.2	0.6–1.9
IV	485–570	590–710	2020–2060	+10 to +60	3.2–4.0	0.6–2.4
V	570–660	710–855	2050–2080	+25 to +85	4.0–4.9	0.8–2.9
VI	660–790	855–1130	2060–2090	+90 to +140	4.9–6.1	1.0–3.7

要がある．表5.3に，異なる安定化濃度グループごとに，必要な排出量のレベル，平衡時の世界的な昇温量，および熱膨張のみによる長期的な海面水位上昇量を示した．

温暖化による海面水位の上昇は避けられない．熱膨張による海面水位の上昇は温室効果ガス濃度が安定化した後も数世紀にわたり継続し，どの安定化レベルでも，21世紀中に予測されているよりも高い上昇が起きると予測されている．世界の平均気温が，産業革命以前と比較して1.9～4.6℃以上上昇した状態が数世紀続くと仮定した場合，グリーンランド氷床の消失は，数mの規模で海面水位上昇に寄与し，それは熱膨張による寄与よりも大きい可能性がある．熱膨張および氷床の，気温上昇に対する応答の時間スケールが長いため，たとえ温室効果ガス濃度が現在またはそれ以上のレベルで安定したとしても，海面水位は今後数世紀にわたって上昇する（気候システムの慣性）．

2.6 主題6：確固とした結論と主要な不確実性

主題6は，本文のみに記載されているが，確かな科学的知見と残された不確実性についてまとめられている．確固とした結論とは，アプローチ，方法，モデル，想定条件が変わっても不動であり，不確実性の影響が比較的少ないものと定義される．確固とした結論としては，表5.4のようにまとめている．

また，残された主要な不確実性は，表5.5のようにまとめている．

表5.4　確固とした結論 (IPCC, 2007a)

観測された気候変化とその影響, 変化の原因	
気候システムの温暖化には疑う余地がない	気候システムの温暖化には疑う余地がなく, 大気や海洋の全球平均温度の上昇, 広範囲な雪氷の融解, 平均海面水位の上昇が観測されていることから今や明白である.
人為的温暖化による影響	全ての大陸及び一部の海洋の自然システムの多くが, 地域的な気候変化によって影響を受けている. 多くの物理及び生物システムで観測された変化は, 温暖化と一致する. 1750年以降のCO_2の吸収の結果, 海洋表層の酸性度が増加した.
温室効果ガス（GHG）の大気中濃度	世界の年間総GHG排出量（100年GWPで重みづけ）は1970～2004年に70％増加した. この結果, N_2Oの大気中濃度は, 工業化前～数千年前の値を大きく超えた. CH_4とCO_2は過去65万年間の自然変動の範囲をはるかに超えている.
温暖化は人為起源	過去50年間に観測された全球平均気温上昇のほとんどは, 人為起源の温室効果ガスの増加による可能性がかなり高い. 大陸規模（南極を除く）でみても, 人為的な温暖化である可能性が高い.
地球規模の影響	過去30年間の人為的温暖化は, 地球規模で, 多くの物理及び生物システムに識別可能な影響を引き起こした可能性が高い.
将来の気候変化とその影響の要因と予測	
GHG排出量の増加	気候変化の緩和策及び関連する持続可能な開発施策が現状のままであれば, 地球規模のGHG排出量は今後20-30年増加し続ける.
今後20年は0.2℃/10年上昇	SRES排出シナリオの範囲では, 今後20年間は10年につき0.2℃上昇する.
気候システムのより大きな変化	現在以上にGHG排出が続けば温暖化が進み, 21世紀中に気候システムに多くの変化をもたらし, 20世紀に観測されたよりも深刻な影響をもたらす可能性がかなり高い.
陸域が海洋より気温上昇	すべてのシナリオで陸域が海洋より, また北半球の高緯度ほど温暖化する.
CO_2吸収量が減少	温暖化は陸域生態系と海洋の大気中CO_2の吸収力を低下させ, 大気中に留まる排出量を増加する.
排出量を削減しても温暖化と海面上昇は続く	GHG濃度安定化に十分な排出量を削減しても, 気候プロセスとフィードバックに関連する時間遅れのため, 温暖化と海面上昇は数世紀続く.
平衡気候感度	平衡気候感度が1.5℃以下である可能性はかなり低い.
影響を受けるシステム, 分野, 地域	特に気候変動の影響を受ける可能性が高いシステム, 分野, 地域がある. システム・分野では, 生態系（ツンドラ, 北方林, 山岳, 地中海, マングローブ, 汽水低湿地, サンゴ礁, 海氷生物群集）, 低地沿岸域, 水資源（中緯度の乾燥地域・乾燥熱帯域・雪氷融雪水に依存する地域）, 低緯度地域の農業, 適応力が低い地域の人間の健康. 地域では, 北極, アフリカ, 小島嶼国, アジア・アフリカメガデルタ. 他の地域, 高収入地域でさえ一部の人々, 地方や活動は特にリスクに曝される.
温暖化により極端現象が強大化	極端気象現象の頻度・強度増加により影響が増大する可能性がかなり高い. 最近の現象から一部の分野や途上国を含む地域で熱波, 熱帯低気圧, 洪水・干ばつに対する脆弱性が高いこと, 第3次評価報告書の知見と比較してより強い懸念の理由（Reasons for concern）となっている.

表5.4 （続き）

気候変化への対応	
より広範な適応の必要性	計画的な適応は現在一部は実施されているが，気候変動に対する脆弱性を低減するには，より広範な適応が必要である．
適応能力を超える影響	気候変動が緩和されなければ，長期的には自然，管理された自然や人間社会の適応能力を超える可能性が高い．
多岐にわたる緩和オプションで削減が可能	全分野で多岐にわたる緩和オプションが現在利用できるか，2030年までに利用できると予測される．経済的な緩和ポテンシャルは，CO_2換算1tあたり正味負から100米ドルのコスト範囲で，予測される全球排出増加量を相殺でき，2030年に現在レベル以下に排出量を低減できる．
緩和策の遅れは影響をより深刻にする	緩和策により影響の低減，遅延，忌避が可能である．今後20-30年の緩和努力と投資はより低い安定化レベルを達成することに大きく影響する．排出量低減が遅れると，より低い安定化レベルを達成する機会を顕著に制限し，気候変動の影響リスクを増大する．
既存技術や新技術の活用が鍵	GHG濃度の安定化レベルの範囲は，適切で効果的な推進策がとられ，障壁が排除されるならば，現在利用可能な技術と今後商業化される技術の普及によって達成しうる．技術の効果改善，コスト低減，新技術の社会的受容性のためさらなる研究開発・普及（RD & D）が必要である．安定化濃度が低くなるほど，今後数十年間の新技術の投資ニーズがより大きくなる．
持続可能な開発の緩和と適応への貢献	開発の道筋を変更し，より持続可能なものにすることは，気候変動の緩和と適応に大きく貢献し，脆弱性を軽減しうる．
マクロ経済や他の政策の排出量への影響	マクロ経済及び他の政策に関する決定は，気候変化と無関係に見えても排出量に大きな影響を及ぼしうる．

表5.5 残された主要な不確実性（IPCC, 2007a）

気候・影響の観測	・気候データの対象範囲が限定されている地域がある．自然及び管理されたシステムで観測された変化に関するデータ及び文献は，明らかな地域バランスの偏りがあり，特に途上国においてデータ及び文献の不足が顕著である． ・干ばつ，熱帯低気圧，極端な気温，降水頻度・強度など，極端現象の分析・監視は，高い時空間解像度で長期間のデータを必要とするため気候平均値を求める以上に難しい． ・適応や気候以外の要因のために，気候変動が人間や自然システムに及ぼす影響を検出するのは難しい． ・大陸規模より小地域で，観測された気温変化をシミュレーションで再現したり，自然的要因か人為的要因かを見極めるのは難しい．小地域の場合には，土地利用変化や汚染などの要因も物理・生物システムに対する人為的な温暖化影響を複雑にする． ・土地利用変化からのCO_2排出量や個々のメタン排出源からのメタン排出量は依然として主要な不確実性である．

表5.5 （続き）

気候予測	・平衡気候感度の不確実性により，安定化シナリオでの温暖化予測に不確実性が生じる．また，炭素循環フィードバックの不確実性により，特定の安定化水準達成に必要な排出量の経路に不確実性が生じる． ・気候システムの様々なフィードバック強度の推計では，モデル間で違いが生じる．特に雲のフィードバック，海洋の熱吸収量，炭素循環のフィードバックにおいては，一定の進展が見られたものの，モデル間に大きな差がある．一部の変動要素（例：温度）では他の要素（例：降水量）よりも予測の信頼性が高く，また空間的規模が大きく平均をとる期間も長いほど信頼性が高くなる． ・エアロゾルが気温変化の幅や，雲，降水量に与える影響には，依然として不確実性が残る． ・グリーンランド及び南極の氷床量の将来変化，特に氷河流に起因する変化は，主要な不確実性要素であり，海面水位の上昇予測を引き上げる可能性がある．海洋への熱浸透の不確実性も，将来の海面水位上昇の不確実性を増大させる． ・グリーンランドの氷床融解による淡水供給の不確実性，温暖化に対するモデル応答の不確実性のために海洋大循環の21世紀以降の変化を評価することは難しい． ・2050年頃以降の気候変動及びその影響の予測は，シナリオやモデルによって大きく異なる．予測改善には，不確実性の要因の理解を深め，体系的な観測網の強化が必要である．
影響評価	・影響研究では，気候変化の地域予測に関する不確実性，特に降水量に関する不確実性が障害となっている． ・リスクに基づく意志決定では，発生確率が小さくかつ影響が甚大な現象や小規模現象の累積的影響の理解が必要だが，一般に限界がある．
適応・緩和	・開発計画者が気候の変動性や変化に関する情報を理解し，意思決定に取り入れるには限界があり，脆弱性の統合評価の制約となる． ・適応力及び緩和力の発展と活用は社会経済開発の経路により異なる． ・適応に対する障壁，限界，コストの理解が不十分である．特定の地理的なリスク要因，気候のリスク要因，制度・政治・財政の制約要因により，効果的な適応が異なることが一因である． ・緩和コストやポテンシャルの推計値は，将来の社会経済の成長，技術革新，消費パターンの想定により異なる．特に技術の普及要因や長期的な技術性能の可能性，コスト改善の想定で不確実性が生じる． ・気候以外の政策が排出量に与える影響の数量化は進んでいない．

3. 第4次評価報告書の意義と今後の課題

　統合報告書の公表をもって，第4次評価報告書の作成は完了したわけだが，今後開催される総会において第4次評価報告書やIPCC活動の評価が行われる予定である．そのなかで，第4次評価報告書の意義などが議論されると考えるが，現段階での報告書の意義を挙げると以下のようになろう（地球環境研究センター，2007）．

①人為的な温暖化は疑う余地がない

　気候変動の観測や現象解明が進み，気候システムが温暖化していることは非常に可能性が高い（very likely）と評価し，温暖化の原因は温室効果ガスの排出など人間活動による，とほぼ断定するなど，気候変動の科学的知見の確からしさが大いに向上した．

②温暖化の影響が顕在化している

　すべての大陸とほとんどの海洋で，雪氷や生態系など自然環境や人間活動にも影響がでていることが明らかになった．

③温暖化は種々の分野や地域に影響をもたらす

　地球の平均気温は21世紀末には1990年頃に比較して1.1～5.8℃上昇し，海面が18～59 cm上昇するため，種々の分野や地域に影響が現れると予測される．1980～90年比で2～3℃以上気温上昇すると好影響（例えば，寒冷地が温暖化して穀物栽培ができるなど）が一時的に現れたとしても，これ以上の気温上昇では悪影響が卓越する．

④気候変動への早期対応が必要

　温暖化を防止するためには，この20～30年に温室効果ガスの排出を減少傾向に転じさせ，2050年には大幅な削減を行うことが必要である．ポスト京都の枠組みの検討に資する長期的な安定化濃度と対策との関係を示した．

⑤緩和策は被害に比べて低コストで実施できる

　緩和対策として現在の技術，経済的対策，ライフスタイルや消費パターンの変更などによって，温室効果ガスの排出を十分削減することができ，その経済的費用は，副次的便益（cobenefit）を考慮すると，影響被害コストに比べると少ない．

⑥緩和策・適応策の両方が必要

　温暖化を防止するための緩和策，温暖化の影響を低減する適応策の両方が必要である．両者をうまく組み合わせることにより，限られた資金のもとで，温暖化のリスクを低減することができる．しかし，両対策を進めるにあたっては，種々の制約条件もまだある．

　第4次評価報告書は完成したが，すでに第5次評価報告書に向けた活動が始

まっている．第5次評価報告書の公表時期は2013年頃になると予想され，報告書の執筆作業には3年ぐらいかかることから，2009年から種々の活動が開始されよう．第5次評価報告書への日本の研究面の貢献として以下の点を進めることが重要である．

・査読付き英文論文の公表：IPCCでは査読付き論文を情報源としているので，論文公表が重要であることは変わらない．加えて，査読付き日本語論文でも，要約が英語であれば，評価対象になる．論文をIPCCや報告書執筆者など著名な研究者に送付するのも効果的である．

・執筆者としての参画：第4次評価報告書が完成したことから，今後1～2年かけて，次期体制の構築（2008年9月のIPCC総会で，議長・議長団を選出），次期報告書で扱うべき問題を議論するスコーピング会合などの開催を経たうえで，総会で目次案が決まると，執筆者の選考にうつる．第4次評価報告書では，30名の日本人研究者が貢献したが，さらに多くの日本人研究者の執筆者としての貢献が期待される．

・日本の温暖化研究のレビュー：温暖化に関わる論文のレビューをすることにより，日本の研究の成果や知見をまとめ，英語報告書あるいは単行本として出版することも効果がある．

・IPCCワークショップ等への積極的参加：今後，IPCCは種々の問題についてのワークショップを頻繁に開催すると予想されるので，そうしたワークショップへ積極的に参加して，日本の研究成果を発表することも重要である．

・アジア途上国における温暖化研究の支援：アジア太平洋地球変動研究ネットワーク（APN）などは途上国における影響研究などを支援しているが，十分日本人研究者がサポートしていない現状であり，困難を極めている．アジアや太平洋地域の各国の温暖化研究への協力や支援も日本としては重要な点である．

参考文献

環境省地球温暖化影響・適応研究委員会：気候変動への賢い適応-地球温暖化影響・適応研究委員会報告書-, 340 (2008)

地球環境研究センター：IPCC第四次評価報告書のポイントを読む, 12 (2007)
http://www-cger.nies.go.jp/cger-j/pub/pamph/pamph_index-j.html#ipcc
文部科学省・経済産業省・気象庁・環境省：気候変動に関する政府間パネル（IPCC）第4次評価報告書統合報告書の公表について：2007年11月17日記者発表資料
IPCC (2001) : Climate Change Impacts, Adaptation and Vulnerability, 1032
IPCC (2007a) : Summary for Policymakers of the Synthesis Report of the IPCC Fourth Assessment Report, 23
IPCC (2007b) : Climate Change 2007 The Physical Science Basis, 996
IPCC (2007c) : Climate Change 2007 Impacts, Adaptation and Vulnerability, 976
WMO: Greenhouse Gas Bulletin The State of Greenhouse Gases in the Atmosphere Using Global Observations through 2006, 4 (2007)

総合討論とアンケート

田中悦子・古矢鉄矢・陽　捷行
北里大学

　シンポジウムの開催に当たり，北里大学の柴　忠義学長の挨拶があった．そこでは，北里大学が農医連携という概念を発信してからの2年有余の経過が語られた．
　その中で，北里大学内に農医連携委員会が設立され，委員会が「北里大学農医連携構想について」をまとめ，答申したことの報告があった．また，「北里大学学長室通信：農と環境と医療」を毎月発刊していること，医学部および獣医学部に「農医連携に関わる講義と演習」が開講されていること，新たに一般教育部の科目に「教養演習B：農医連携論」が加わったこと，学部を超えたオール北里大学としての農医連携に関する研究プロジェクトを推進しようとしていることなどが紹介された．さらに，温暖化の重要性が説かれ，今回のシンポジウムが時宜に合ったものであることが語られた．
　これを受けて，まず「IPCC報告書の流れとわが国の温暖化現象」と題して，1990年から始まったIPCCの第1次報告書から2007年の第4次報告書の流れが紹介された．併せて，地球生命圏GAIAに関する本の紹介とわが国の温暖化現象が解説された．

その後，環境の視点から「温暖化による陸域生態系への影響評価と適応技術」と題して，近年の地球環境の観察結果の要約が紹介された．さらに将来予測についてのシナリオが示された．

また，農学の視点から「農業生態系における温室効果ガス発生量の評価と制御技術の開発」と題して，農業生態系から発生する温室効果ガスである二酸化炭素，メタン，亜酸化窒素の発生量の推移と，これらガスの発生を制御する技術の紹介があった．

続いて，人間の健康の視点から「気候変動による感染症を中心とした健康影響」と題して，気候変動に伴うさまざまな健康影響が紹介された．加えて，気候変動の感染症に影響を与えるメカニズムについての紹介があった．

その後「IPCCの今」と題して，22年経過したIPCCの活動が，WMOおよびUNEPとの関連で解説された．さらに，IPCCが目指している第5次報告書作成の計画が紹介された．

最後に「気候変動の影響・適応と緩和策－統合報告書の知見－」と題して，IPCC第4次評価報告書と統合報告書，第4次報告書の意義，今後の展開と日本の貢献，などが解説された．

総合討論とアンケート

これらの講演が終わった後，林　陽生氏と陽　捷行が座長を務め総合討論が行われた．総合討論の時間は，講演が濃密であったため僅か30分しかなかったが，興味ある質問と意見，講演者の適切な回答に会場は熱気に包まれた．いずれも農医連携の必要性を前提にした貴重な質問と意見であった．

質問および討論の内容は，COPとIPCCの関連，CO_2濃度上昇と温度変化の関係，途上国の感染症の実態，地球温暖化の影響，俯瞰的に観る教育の促進などであった．

総合討論を終えた後，参加者のうち40名の方からアンケートをいただいた．アンケートの内容は，1) 農医連携の在り方，2) 温暖化に関する知見，3) 運営の在り方，に分け，以下にその内容を示した．

1. 農医連携の在り方

- 期待した以上に興味深いものでした．地球物理，地球科学の視点からの地球温暖化については多少関心もあり，知識もあったつもりですが，農・医療の視点に，ある部分，目を開かされた感じです．まさにガイアという総合的な視座なのでしょうか．IPCC Todayも，大変面白かったし，見事な日本語に感心しました．〔60代・男〕
- 複合領域は今後更に重要になると考えます．今後とも一歩先を行く情報発信をお願いします．また，今後のイベント情報，出版情報などについての情報をお送りいただければ幸いです．ご検討をよろしくお願いします．発表スライドをwebで見られるようにしていただくことを併せて希望します．〔40代・男〕
- 食料問題（安全・安心）を中心に，生産者－流通－消費者－健康の流れに沿った話題提供を希望します．食料の自給，フードマイレージ，輸入にともなう健康問題へのリスクなど．〔50代・男〕
- 今回のテーマで，さらに行政，農家などの様々な分野の方に講演いただきたい．または「食糧自給率」でも結構です．〔30代・女〕
- 環境問題を考える上で，この連携は極めて重要．〔70代・男〕
- アレルギーの問題をテーマとした，農，環境，医療部門での研究の最前線を紹介していただくのも興味があります．ただ，実現しても私は専門外なので出席できそうもないのですが．本で読みます．〔50代・男〕
- あん先生の「農水省の存在感が殆どない」は，大変残念だが事実でしょう．八木先生の言う「環境問題は日本の農業にとってチャンス」になるようにして欲しい．〔60代・記載なし〕
- 「農と環境と医療」は「健康」と密接不離の関係にあるが，「環境」と「経済」は敵対関係にある．「科学」は「経済」の味方になっていないか？「環境」の一番の味方になるのは「宗教（信仰）」だと思うが，「科学」は「宗教（信仰）」を目の敵にせず，「科学」と「宗教（信仰）」が協力して「環境」を守るべきではないか？「宗教（信仰）」を無視した「科学」や「経済」「社

会」などが，環境問題を起こしていると思う．〔50代・男〕
- 農医連携は素晴らしいと思う．研究者は専門分野での研究にとどまり，今，複合，統合的な視野をもって環境（食・農）の問題を考える時代なのだと思う．〔20代・男〕
- 研究者レベルの講師が多いので，いつかは現場で働いている研究者などの発表，それを評価できる取り組み（シンポジウム）が必要だ．①有機農業と食と健康について（栄養・ミネラル・地産地消）フードマイレージなど），②有機農業推進法と政策と現状と今後の取り組み，③女性の発表者を増やして欲しい．〔50代・男〕
- この連携はこれからの時代，必要な知識の蓄積になっていくと思います．非常に質の高いシンポジウムでこれからもできる限り参加したいと思います．〔30代・男〕
- とてもよいことだと思います．一つのことでも様々な視点から見るべきだと思う．〔20代・女〕
- CO_2，CH_4，NO_2：人の食物（サプリメントや予防医療剤 etc.）による人の出す「CO_2，CH_4，NO_2」ガスの発生量抑制の可能性も勉強できればと思います．〔60代・男〕
- 農←→食糧　環境　医療←→健康
  上記を語るときに「水」を避けて説明することはできないと考える．よって，我が国の農業政策と食料自給率の改善，および「安全・安心な農法」等をテーマとした話を聞かせて欲しい．〔60代・男〕
- 環境と医療を考慮した上で良い食料をつくることをもっと根本から考えるべき．環境にも体にも良い食料が大切．〔記載なし〕
- 農は環境を無視して存在できないことは広く認知されているので，つまり農＝環境と統一して捉え，今後は農と医療との連携を中心に企画したらいかがでしょうか．〔60代・男〕
- 栄養系の講師の参画を希望します．〔60代・男〕
- 非常に大切なシンポジウムであり，もっと多くの人に参加して欲しい．〔記載なし〕

2. 温暖化に関する知見

- 最新の動向について知ることができて良かったです．関連論文リストをまとめることができれば有意義ではないかと思います．〔40代・男〕
- 温暖化に関してのこれまでの理解が不十分であることがよく認識できました．不確実性の評価に関してモデリングとモニタリングについての発表があっても良いかと思いました．〔30代・男〕
- 多方面からの講演内容でとても勉強になりました．モニタリングや影響評価が重要だということがわかりましたが，国内においてその意識が薄いように思われます．政策も含めて国（行政）がどのように考えているかを知りたいと思いました．また，適応策や緩和策について関心を持ちました．IPCCがそれらに積極的に関わる（評価する）ようになったら，より良くなるのでは．〔30代・女〕
- IPCCの位置付けを含めた地球温暖化対策の枠組みについて理解が進んだ．〔40代・男〕
- 主観で申し訳ないですが，あんさんの言いたいことが今いち伝わってこなかった．陽さんの立場は面白いと思う．興味深い（温暖化と文化）．〔20代・男〕
- 今回のテーマは非常に重大なものであったのに，参加者が少なかったことには驚いた．呼びかけ方法に問題があったのかも知れない．内容は多岐に亘り興味が湧くものであった．タイムリーなテーマであったのに興味が持てなかったのは，テーマの持ち方が従来的であるからだろう．〔50代・男〕
- IPCCの歴史，組織，活動内容について理解することができた．〔60代・男〕
- 大変幅広いテーマについて，わかりやすいお話を聴かせていただきました．今日勉強したことを自分の生活にどのように活かしていくか考えながら実行したいと思います．〔60代・男〕

3．運営の在り方

- 多くの人が参加可能な曜日，時間を考えても良いと思う．〔60代・男〕
- 発表内容にあった抄録にして欲しい．重要なスライドも載せて欲しい．〔40代・男〕
- 農，環境，医療，各部門の温暖化についての現状を聞くことができて良かった．〔30代・男〕
- 配付資料が講演に活かしきれていなかった．講演内容（PPT）と資料とが一致していない部分があり，わかりづらかった．〔50代・男〕
- とても良いシンポジウムで，タイミングも良かったと思います．今後の活動を期待しています．〔70代・男〕
- 学生の参加者はいないのですか．〔50代・男〕
- 学生の参加が少ないですね．〔30代・男〕
- 終了の時間を4時30分〜5時頃にしていただけると助かります．〔50代・男〕
- 会場が寒い．温暖化問題のシンポジウムなら，ムダな冷房を止めてもらいたい．〔50代・男〕
- 会社勤めの方は参加困難．〔60代・男〕
- 多方面にバランスのとれたものになっていると思います．大変勉強になりました．〔50代・男〕
- プログラムテーマを絞って，説明時間を60〜100分くらいの中で奥行きのあるものにして欲しい．〔60代・男〕
- 各担当先生のテーマの分野が広いのに，時間が足りない．土曜日の午前9時から1日が良い．現役の専門家が集まりやすいと思う．〔記載なし〕
- 興味深い議題なのだからもっと一般にPRをしていくべき．〔30代・男〕
- 本年度は温暖化に係る講演会，シンポジウムが色々な場所で行われた．最後に行われたためか，これまでに聴いた内容が多かった人がいた．対策・適応技術についてもっと突っ込んだ内容が聴きたかった．〔40代・男〕
- 冊子とあわせて，講演のパワーポイント画面のコピー（白黒でOK）がある

とよりわかりやすいし，親切ではないでしょうか．〔60代・男〕
・第6回，第7回のシンポジウムの情報はどうすれば入手できるのですか．〔70代・男〕

　最後に，総合討論に熱心に参加され，アンケートを快くお引き受けいただいた参加者に，この書を借りてお礼申し上げる．なお第6回北里大学農医連携シンポジウムは，「食の安全と予防医学」を開催する．

参考資料

北里大学ホームページ：北里大学農医連携シンポジウム：映像配信（第5回）
http://www.kitasato-u.ac.jp/daigaku/noui/sympo/index.html
又は
http://wstv2.kitasato-u.ac.jp/mediasite/Catalog/?cid=3f4bc605-5087-465b-a620-fc206fc5aac

著者略歴

林　陽生（はやし　ようせい）
1974年法政大学大学院人文科学研究科修士課程修了．83年理学博士（筑波大学）．74年筑波大学研究協力部（現・陸域環境センター）技官．80年筑波大学地球科学系助手．99年農林水産省農業環境技術研究所企画調整部チーム長．01年（独）農業環境技術研究所地球環境部長．04年筑波大学大学院生命環境科学研究科教授．「生物の科学遺伝別冊―地球温暖化（裳華房）」，「日本の気候Ⅱ―気候気象の災害・影響・利用を探る―（二宮書店）（分担執筆）」，「新農業環境工学（養賢堂）（分担執筆）」など．IPCCへの関与：IPCC（第2作業部会）アジア地域への影響のとりまとめに引用．

八木一行（やぎ　かずゆき）
1986年名古屋大学大学院理学研究科大気水圏科学専攻博士前期課程修了．87年農林水産省農業環境技術研究所環境管理部研究員．92年米国カリフォルニア大学アーヴァイン校地球科学部客員研究員．96年博士（農学：名古屋大学）．97年国際農林水産業研究センター環境資源部主任研究官．01年（独）農業環境技術研究所地球環境部主任研究官，07年同研究所物質循環研究領域上席研究員．日本土壌肥料学会（副部門長），International Union of Soil Science, American Geophysical Union, IGBP-iLEAPS（SSC member）．IPCCへの関与：GPG2000（代表執筆者），2006 Guidelines（代表執筆者），AR4（WG3，査読者）など．

押谷　仁（おしたに　ひとし）
1987年東北大学医学部卒業．91～94年JICA専門家としてザンビアでウイルス学の指導．95年医学博士（東北大学）．95～97年テキサス大学公衆衛生大学院（公衆衛生修士）．99年新潟大学医学部公衆衛生学講師．99～05年世界保健機関（WHO）西太平洋地域事務局・感染症アドバイザー．05年東北大学大学院医学系研究科微生物学分野教授．「SARSいかに世界的流行を止められたか：監修（財団法人結核予防会）」など．

原沢英夫（はらさわ　ひでお）
1976年東京大学工学部都市工学科卒業，78年東京大学工学系研究科都市工学専門課程修士修了．78年国立公害研究所．85年工学博士（京都大学）．92年国立環境研究所地球環境研究センター研究管理官，94年同研究所社会環境システム部環境計画研究室長，05年同研究所社会環境システム研究領域長．07年内閣府政策統括官（科学技術政・イノベーション担当）付（総合科学技術会議事務局）参事官（環境・エネルギー担当）．IPCCへの関与：IPCC（第2作業部会）第3次報告書，第4次報告書（07年公表）のアジア地域への影響のとりまとめなど．

著者略歴

柴　忠義(しば　ただよし)
1966年北里大学衛生学部卒業，66年慶應義塾大学医学部助手，71年三菱化学生命科学研究所主任研究員，75年医学博士取得，86年北里大学衛生学部教授，03年北里学園(現・北里研究所)理事長・北里大学長．

陽　捷行(みなみ　かつゆき)
1971年東北大学大学院農学研究科博士課程修了(農学博士)．71年農林省入省．77～78年アイオワ州立大学客員教授．00年農林水産省農業環境技術研究所長．01年(独)農業環境技術研究所理事長．05年北里大学教授．06年同副学長．日本土壌肥料学会賞，環境庁長官賞・優秀賞，日本地球環境賞特別賞，日本農学賞・読売農学賞，Yuan Tee Lee国際賞．日本学術会議連携会員．「土壌圏と大気圏(朝倉書店)」，「CH_4 and N_2O (Yokendo)」「地球の悲鳴(清水弘文堂書房)」「農と環境と健康(清水弘文堂書房)」など．IPCCへの関与：第1次，2次，特別報告などのPrincipal Lead Author, Lead Author, Contributorなど．

古矢鉄矢(ふるや　てつや)
1974年早稲田大学商学部卒．74年学校法人北里学園入職，04年北里大学学長室長，06年同事務副本部長，挿絵．

田中悦子(たなか　えつこ)
1994年早稲田大学人間科学部卒．94年学校法人北里学園入職，04年北里大学学長室主任，編集．

JCLS	〈㈱日本著作出版権管理システム委託出版物〉	
2009	2009年3月30日　第1版発行	
北里大学農医連携 学術叢書第5号		
地球温暖化 農と環境と健康に及 ぼす影響評価とその 対策・適応技術		
検印省略	著作代表者　　陽　　捷　行 　　　　　　　　みなみ　　かつゆき	
©著作権所有	発 行 者　　株式会社　養 賢 堂 　　　　　　代 表 者　及川　清	
定価 2730円 (本体 2600円) 　税 5％	印 刷 者　　株式会社　丸井工文社 　　　　　　責 任 者　今井晋太郎	
発 行 所	〒113-0033 東京都文京区本郷5丁目30番15号 株式会社　養賢堂 TEL 東京(03)3814-0911　振替00120 FAX 東京(03)3812-2615　7-25700 URL http://www.yokendo.com/	
	ISBN978-4-8425-0449-0　C3061	

PRINTED IN JAPAN　　　製本所　株式会社丸井工文社

本書の無断複写は、著作権法上での例外を除き、
禁じられています。
本書は、㈱日本著作出版権管理システム(JCLS)への委託出版物です。
本書を複写される場合は、そのつど㈱日本著作出版権管理システム
(電話03-3817-5670、FAX03-3815-8199)の許諾を得てください。